Heshmat Aldesuquy
Sara Abdel-Aziz
Eladl Eltanahy

Aplicações biotecnológicas de microalgas cultivadas em resíduos sólidos

Heshmat Aldesuquy
Sara Abdel-Aziz
Eladl Eltanahy

Aplicações biotecnológicas de microalgas cultivadas em resíduos sólidos

indústria da beterraba sacarina

ScienciaScripts

Cover image: www.ingimage.com

This book is a translation from the original published under ISBN 978-620-7-64959-4.

Publisher:
Sciencia Scripts
is a trademark of
Dodo Books Indian Ocean Ltd. and OmniScriptum S.R.L publishing group

120 High Road, East Finchley, London, N2 9ED, United Kingdom
Str. Armeneasca 28/1, office 1, Chisinau MD-2012, Republic of Moldova, Europe
Printed at: see last page
ISBN: 978-620-8-08878-1

Conteúdo

Agradecimentos

Louvado seja Deus (Todo-Poderoso), Al-Rahman, o mais misericordioso, sem cuja misericórdia e orientação esta obra nunca teria sido iniciada nem concluída. Louvo-O (Todo-Poderoso) tanto quanto os céus e a terra e tudo o que está entre eles ou atrás deles.

Dr. Heshmat Soliman Aldesuquy, *Professor de Fisiologia Vegetal, Departamento de Botânica, Faculdade de Ciências, Universidade de Mansoura.*

Dr. Eladl-GalalEltanahy, *Professor Associado de Microbiologia, Departamento de Botânica, Faculdade de Ciências, Universidade de Mansoura, por ter sugerido o tema da investigação, bem como pelos seus valiosos conselhos, supervisão e críticas objectivas durante a redação e revisão da tese, para que esta fosse apresentada de forma aceitável.*

Gostaria também de agradecer à ***Dra. Ghada Samir Abou-ElWafa****, Professora de Ficologia, Departamento de Botânica, Faculdade de Ciências, Universidade de Mansoura. Gostaria também de agradecer ao Diretor e aos membros do pessoal do Departamento de Botânica, Faculdade de Ciências, Universidade de Mansoura, por me terem proporcionado todas as facilidades durante o trabalho.*

Muito obrigada a todos os meus colegas do Departamento de Botânica da Faculdade de Ciências da Universidade de Mansoura. Por último, gostaria de expressar o meu profundo agradecimento ao meu marido, Sedra, fayrouz, mãe e pai pela sua ajuda, paciência e apoio contínuo.

Sara Saad Ibrahim Abd- El AZiz

1 Introdução

Atualmente, existe uma procura crescente de alimentos saudáveis e de fontes de proteínas que não os alimentos convencionais para colmatar a falta de proteínas. Por conseguinte, os investigadores voltaram-se para as microalgas, não só porque são fontes de proteínas sustentáveis e respeitadoras do ambiente, mas também devido aos seus produtos de elevado valor acrescentado. Em particular, a cianobactéria *Spirulina platensis* tem sido consumida há muito tempo como um suplemento dietético que fornece uma promissora matéria-prima proteica unicelular contendo cerca de 60% de proteína do seu peso seco **(Blecker e Barka, 2016)** e uma vasta gama de produtos valiosos como aminoácidos, ficocianina, ácidos gordos essenciais vitaminas e minerais **(Romay *et al.*, 2003; Costa *et al.*, 2019)**. Devido ao seu valor nutritivo, atraiu a atenção de muitos investigadores. No entanto, o cultivo em larga escala de *S. platensis* é dispendioso, pelo que os investigadores se esforçam por formular um meio nutritivo alternativo para o cultivar economicamente, bem como para ser seguro para o consumo humano e animal.

A utilização de materiais residuais de qualidade alimentar como matérias-primas para a produção de biomassa contendo componentes bioactivos promissores é altamente desejável, uma vez que se trata de uma abordagem ecológica com redução simultânea dos custos associados à gestão dos resíduos e à produção de microalgas **(Bhati e Mallick, 2015)**. Por exemplo, a biotransformação da torta de filtro de beterraba em proteína unicelular de *S. platensis*, que pode ser utilizada como suplemento alimentar humano e animal, ou em pigmentos bioactivos (clorofila-a e ficocianina), que podem ser utilizados como substrato para a produção de nanopartículas metálicas, tal como as nanopartículas de selénio.

No nosso estudo, a tendência foi para a utilização de resíduos sólidos da indústria do açúcar de beterraba como meio nutritivo alternativo, seguro e rentável para o cultivo de cianobactérias para a produção de biomassa e biorrefinaria de metabolitos, que têm uma vasta gama de aplicações juntamente com a gestão de resíduos.

1.1 Bagaço de beterraba

A cana-de-açúcar e a beterraba sacarina são responsáveis pela maior parte do açúcar produzido no Egito. A beterraba sacarina foi cultivada em 207 527 hectares em 2019 e é a maior fonte de produção de açúcar do Egito. A indústria do açúcar começa com a extração de sacarose da beterraba sacarina com água quente. Isto resulta em sumo bruto, que é depois purificado, filtrado e concentrado por enxaguamento cíclico e evaporação, como se mostra na **Figura 1**. Durante a clarificação do sumo de beterraba, são adicionados leite de cal e dióxido de enxofre para neutralizar a acidez do sumo e precipitar os componentes não açucarados. O resíduo é deixado assentar num clarificador e as lamas assentadas são filtradas com um filtro de vácuo rotativo **(Afshar *et al.*, 2014)**. O processamento da beterraba sacarina produz não só açúcar como produto principal, mas também gera uma grande variedade de subprodutos, como melaço, bagaço e lama de prensa ou bolo de filtro.

O resíduo sólido é produzido como subproduto da clarificação do sumo de beterraba sacarina antes da sua concentração e cristalização, sendo denominado bolo de filtro de beterraba (BFC), também conhecido como lama de prensa **(Khwairakpam e Bhargava, 2009)**. No Egito, as fábricas de açúcar Delta em El- Hamoul, na província de Kafer El-Sheikh, produzem cerca de 150 000 toneladas de bolo de filtro por ano, que contém aproximadamente 80% de carbonato de cálcio, 6% de compostos azotados, 6% de minerais, 0,5% de sacarose, 7,5% de outros e 30% de humidade (no sólido seco) **(Asadi, 2006)**. Nas épocas de processamento, as fábricas de açúcar eliminam grandes volumes destes resíduos nas paisagens a céu aberto, que ocupam cerca de 80 feddan, poluindo o ambiente natural dessa área **(El- Maghraby *et al.*, 2013)**. Portanto, esses resíduos devem ser reciclados ou usados como matéria-prima para gerar produtos valiosos de interesse comercial, reduzir significativamente a poluição ambiental e melhorar a sustentabilidade **(Afshar *et al.*, 2014)**. Muitos estudiosos têm estudado o efeito do BFC no biodiesel **(Njezic *et al.*, 2023)**, na produtividade das culturas, na fertilidade do solo e na possibilidade de sua utilização como fertilizante orgânico, pois contém reguladores de crescimento vegetal, auxinas, enzimas, vitaminas e hormônios **(Solaimalai *et al.*, 2001)**, mas é limitado devido aos custos de transporte e à acidez do solo **(Prado *et al.*, 2013; El-Tayeh *et al.*, 2019)**.

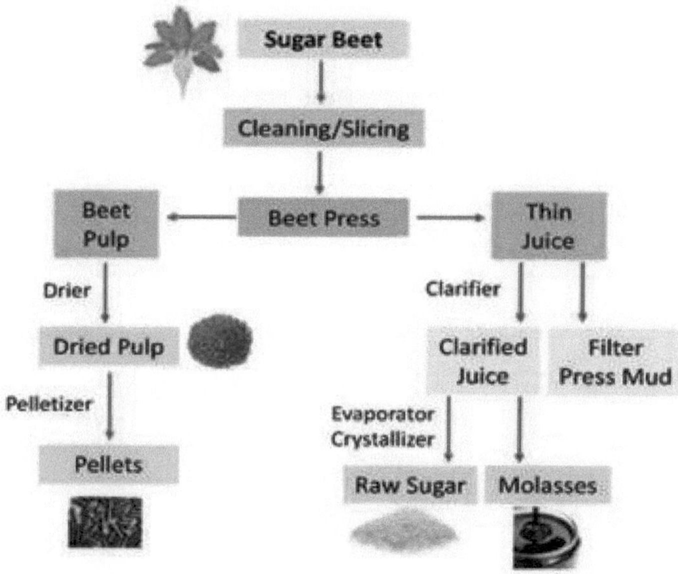

Figura 1. Esquema dos subprodutos da produção de beterraba sacarina **(Lima e Beacorn, 2022)**

1.2 Cianobactérias

As cianobactérias são organismos fotossintéticos que utilizam o dióxido de carbono atmosférico e a energia solar para produzir biomassa e oxigénio atmosférico como subproduto. São vulgarmente conhecidas como algas azuis-verdes e são classificadas juntamente com as microalgas **(Huisman *et al.*, 2018)**. Estes organismos encontram-se em habitats de água doce, marinhos e no solo. Têm a capacidade de se adaptar a uma vasta gama de factores como intensidades de luz, temperatura, pH e deficiência de nutrientes **(Whitton, 2012)**. Para além da fixação de CO_2 no processo de fotossíntese, existe um grupo de cianobactérias denominado cianobactérias fixadoras de azoto que se distingue pela sua capacidade de fixar azoto atmosférico, o qual tem um papel importante nas aplicações agrícolas, uma vez que melhora a fertilidade do solo e os parâmetros de crescimento das plantas **(Sahu *et al.*, 2012)**. Além disso, as cianobactérias têm adaptações fisiológicas e metabólicas únicas; assim, as condições de cultura e abordagens para o acúmulo de produtos desejados podem ser facilmente otimizadas **(Norena-Caro e Benton, 2018)**.

As cianobactérias são microrganismos interessantes por serem um recurso sustentável que se estende desde a produção de biomassa simples a vários componentes bioactivos primários e secundários, tais como pigmentos valiosos, proteínas, polissacáridos, compostos fenólicos e vitaminas com aplicações biotecnológicas críticas **(Oliver *et al.*, 2016)**. Muitos metabolitos secundários de cianobactérias têm apresentado produtos naturais bioactivos muito interessantes com potenciais aplicações médicas, actuando como antibióticos, antifúngicos, antivirais, anticancerígenos e compostos anti-inflamatórios **(Vijayakumar e Menakha, 2015)**. As aplicações industriais das cianobactérias, desde o laboratório até à produção em grande escala, e a extração de metabolitos de valor comercial para produzir produtos farmacêuticos, biofertilizantes, biocombustíveis, biopolímeros e cosméticos estão ilustradas na **Figura 2**.

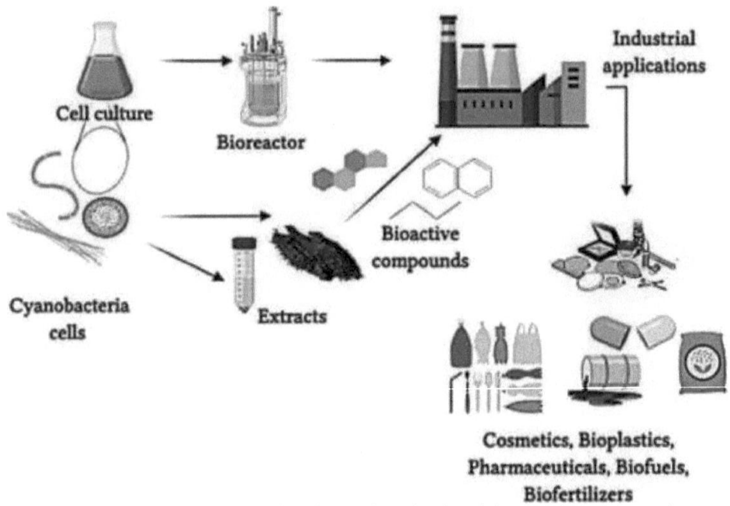

Figura 2. Aplicações industriais de cianobactérias, desde o laboratório até à produção em grande escala de metabolitos de valor comercial **(Algade Amadu *et al.*, 2022)**.

1.2.1 Spirulina platensis

5. *A Spirulina platensis* é uma cianobactéria filamentosa não heterocistosa economicamente crucial, cultivada naturalmente em águas alcalinas e regiões quentes e produzida comercialmente para consumo humano e animal **(Muhling *et al.*, 2005; Holman e Malau-Aduli, 2013)**. A *Spirulina* merece especial atenção como fábrica de células microbianas para a produção de proteínas comestíveis (70% da biomassa seca), aminoácidos essenciais, baixo teor de gordura e hidratos de carbono **(Sanchez *et al.*, 2003)**. Além disso, compostos bioativos como ficocianina, clorofila-a e compostos fenólicos beneficiam a saúde humana **(Moraes *et al.*, 2011; Pleonsil *et al.*, 2013)**. O cultivo comercial de *S. platensis* no meio padrão de Zarrouk, como um meio seletivo que minimiza a contaminação, requer nutrientes excessivos, especialmente NaHCO3, tanto para a fonte de carbono como para o controlo do pH. O custo de produção do meio de crescimento é relativamente elevado porque a concentração de NaHCO3 é de 16,8 kg/m^3 , o que constitui um fator limitante para o cultivo

em grande escala e a viabilidade económica **(Ahsan *et al.*, 2008)**.

Foram efectuados muitos estudos para formular um meio alternativo de baixo custo; por exemplo, **Chaiklahan *et al.* (2010)** formularam um meio de baixo custo utilizando o efluente (20%) da manta de lamas anaeróbias de fluxo ascendente (UASB) de uma exploração suinícola suplementado com 4,5 g/L de bicarbonato de sódio ($NaHCO_3$) e 0,2 g/L de fertilizante de ureia (46:0:0, N:P:K) e descobriram que este meio é 4,4 vezes mais barato em comparação com o meio de Zarrouk. Além disso, o teor de proteínas foi de cerca de 57,9%.

Saranraj *et al.* (2013) investigaram como o desempenho de crescimento e o conteúdo de proteína de *S. platensis* mudaram quando diferentes concentrações de cinzas volantes de lignite (0,5, 1,0 e 1,5 g/L) foram adicionadas ao meio de Zarrouk em comparação com o meio de Zarrouk sozinho. Entre todos os tratamentos, 1,5 g/L de LFA mostrou uma melhoria no crescimento e no conteúdo proteico de *S. platensis.*

Hafidh Al *et al.* (2022) substituíram o bicarbonato de sódio em SZM por melaço de cana-de-açúcar (SCM) como uma alternativa barata para o cultivo de *Spirulina* sem qualquer efeito óbvio no teor de proteínas e pigmentos fotossintéticos. A experiência foi a seguinte: A SZM foi utilizada como controlo e a SZM foi utilizada sem bicarbonato de sódio e suplementada com várias concentrações de SCM (0,5, 1,0, 2,0 ml de melaço).

Barrocal *et al.* (2010) cultivaram *Spirulina maxima* em meios contendo vinhaça proveniente da fermentação de melaço de beterraba e mostraram que *S. maxima* era capaz de crescer em meios Schlosser contendo até 5 g/L de vinhaça ou vinhaça alcalina diluída (5 g/L).

1.2.2 *Leptolyngbya* sp.

A Leptolyngbya sp. é outra cianobactéria filamentosa não ramificada e não heterocística promissora que possui tricomas grandes que podem ser facilmente colhidos. Esta cianobactéria tem uma grande capacidade de adaptação a diferentes condições extremas. Além disso, contém compostos bioactivos, como compostos fenólicos, que têm propriedades antioxidantes que podem ter efeitos terapêuticos em várias doenças **(Trabelsi *et al.*, 2016)**, e também contém um elevado teor de ficobiliproteínas, como a ficoeritrina e a ficocianina **(Pumas *et al.*, 2012; Schipper *et al.*, 2020)**. **Mahanil *et al.* (2021)** revelaram que as ficobiliproteínas de *Leptolyngbya* sp. KC45 podem ser aplicadas como bebidas corantes iluminadas naturais que têm uma atividade antioxidante para a manutenção de uma boa saúde. Os resultados do estudo de **Gara-Ali *et al.* (2021)** indicaram que os extractos lipofílicos de *Leptolyngbya* sp. e *Graesiella* sp. podem ser utilizados como agentes anti-proliferativos e suplementos alimentares. Além disso, a aplicação do extrato isento de células de *Leptolyngbya* sp. na nanobiotecnologia para a biogénese de nanopartículas de prata com atividade antibacteriana **(Singh *et al.*, 2020)** e a biogénese de nanopartículas de óxido de ferro que têm aplicações biomédicas utilizando o extrato de *Leptolyngbya* sp. como agente redutor (**Minhas *et al.*, 2023**).

1.3 Modos de nutrição e atividade fotossintética

Muitas espécies de algas podem ser cultivadas utilizando diferentes modos de nutrição, nomeadamente: autotrófico, mixotrófico e heterotrófico, dependendo da sua adaptabilidade a condições ambientais específicas (**Nicodemou *et al.*, 2022**).

As microalgas autotróficas dependem principalmente da fotossíntese, utilizando a luz natural ou sintética como fonte de energia e o carbono inorgânico como fonte de carbono para produzir biomassa rica em lípidos, proteínas e açúcares. No entanto, as algas heterotróficas utilizam apenas uma fonte de carbono orgânico na ausência de luz para o seu cultivo. Além disso, algumas espécies de algas podem crescer mixotroficamente através da combinação de nutrição autotrófica e heterotrófica. As algas cultivadas mixotroficamente têm grandes benefícios em relação às autotróficas, pois podem fixar o carbono inorgânico através da fotossíntese, além de metabolizar o carbono orgânico no meio através da respiração aeróbica simultaneamente, aumentando assim a produção de biomassa (**Li *et al.*, 2014**). Além disso, no modo autotrófico, a intensidade luminosa é um fator limitante do crescimento microalgal até ao final do cultivo. Ao aumentar a contagem de células microalgais, a penetração da luz diminui devido ao auto-sombreamento das células, e é difícil alcançar uma elevada concentração de biomassa e produtividade de biomassa. No modo mixotrófico, a luz não é um fator limitante do crescimento das microalgas, pelo que a fotolimitação é reduzida na mixotrofia, as perdas de biomassa na reação de escuridão são reduzidas e a fase de crescimento exponencial é prolongada, o que aumenta consideravelmente a produção de biomassa em comparação com o cultivo autotrófico (**Andrade e Costa, 2007; Markou e Georgakakis, 2011**).

Na produção comercial de algas, o cultivo de microalgas é considerado um dos obstáculos que afectam a produção de biomassa. Portanto, as algas devem ser cultivadas usando um método de cultivo que atinja alta produtividade de biomassa e diminua os custos de produção (**Zhan *et al.*, 2017**).

Vários pesquisadores exploraram o cultivo mixotrófico para melhorar a produtividade da biomassa; **Giovanardi *et al.* (2013)** observaram que o cultivo mixotrófico de *Neochloris oleoabundans* em um produto de resíduos de carbono da produção de vinagre de maçã produziu a maior densidade celular, o que abriu a possibilidade de utilizar produtos de resíduos alimentares para o cultivo de microalgas mixotróficas. **Andrade e Costa (2007)** investigaram o impacto do melaço como uma fonte de carbono alternativa barata no cultivo mixotrófico de *S. platensis*, que estimulou a produção de biomassa, e recomendaram a viabilidade da utilização de subprodutos industriais como nutrientes alternativos para o crescimento.

Além disso, **Yu *et al.* (2008)** concluíram que o modo de mixotrofia alcançou a maior biomassa de *Nostoc flagelliforme* em comparação com a autotrofia e a heterotrofia durante a colheita.

1.4 Atividade fotossintética

É bem sabido que as cianobactérias são organismos fotossintéticos. Assim, quaisquer condições ambientais ou de stress podem afetar o sistema fotossintético, principalmente o fotossistema II, o que leva a alterações na fluorescência da clorofila a **(Guo e Tan, 2015)**. Por conseguinte, a atividade fotossintética pode ser utilizada para avaliar qualquer stress das células de cianobactérias através da medição da fluorescência da clorofila a **(Lu *et al.*, 2000)**.

O sistema de pulso-amplitude-modulado (PAM) é a técnica mais comum utilizada para medir as actividades fotossintéticas, principalmente a fluorescência da clorofila *a* **(Baker, 2008)**.

O rendimento quântico fotoquímico máximo baseado na fluorescência do PSII em células adaptadas ao escuro (Fv/Fm) é o parâmetro de fluorescência mais utilizado. Este parâmetro é calculado a partir do rácio entre a fluorescência máxima Fm (vias fotossintéticas bloqueadas pela luz ou por um inibidor) menos a fluorescência mínima Fo (determinada utilizando uma fonte de luz não actínica) e a fluorescência máxima entre a fluorescência variável. Este parâmetro é sensível a quaisquer condições de stress, e o seu valor indica se a planta ou as algas estão ou não stressadas. **(Qi *et al.*, 2013)**. Em condições normais, os valores de Fv/Fm permanecem constantes, ao passo que ocorre um declínio nos valores de Fv/Fm em diferentes condições de stress **(Maxwell e Johnson, 2000)**. Este declínio ocorre devido a um aumento dos processos de extinção não fotoquímica, levando a uma diminuição de Fm e à subsequente fotoinactivação dos centros de reação do PSII, o que leva a um aumento de Fo.

Tang *et al.* (2007) utilizaram o rendimento quântico máximo (Fv/Fm) e outros parâmetros para estudar o efeito do stress salino em *Scytonema javanicum*, tendo verificado que o valor de Fv/Fm diminuiu com 50 mM de sal em comparação com o controlo.

Bhandari e Sharma (2006) investigaram a eficiência fotossintética de *Nostoc spongiaeforme* e *Phormidium corium*, cianobactérias de água doce e marinhas, respetivamente, quando expostas a luz intensa, utilizando o parâmetro Fv/Fm. Observou-se que uma exposição prolongada de 4-6 horas resultava numa diminuição do valor Fv/Fm.

1.5 Otimização das condições de cultivo utilizando o design composto central (CCD)

Atualmente, as microalgas podem ser cultivadas de forma económica utilizando vários resíduos. No entanto, deve ter-se em conta que algumas espécies de algas podem não ser capazes de se adaptar a alterações no seu meio de cultivo ou condições ambientais, pelo que é necessário otimizar as condições de crescimento ideais para expandir o cultivo de algas nestes resíduos de uma pequena escala para um tanque aberto de pista. O desenho do experimento (DOE) usando a metodologia de superfície de resposta foi empregado para estimar a viabilidade de aumentar a escala usando um meio de cultivo econômico alternativo, aumentando assim suas aplicações industriais **(Skorupskaite *et al.*, 2015)**

O processo de otimização e as interações entre diversas variáveis para o cultivo de microalgas foram explicados utilizando a metodologia de superfície de resposta (RSM) com um desenho composto central (CCD) e validados através de experiências laboratoriais **(Zhai *et al.*, 2017)**.

A Metodologia de Superfície de Resposta (RSM) é uma técnica estatística e matemática multivariada que visa minimizar o número de experiências, fornecendo informações consideráveis e desenvolvendo um modelo matemático que avalia o efeito das interações entre diferentes factores, prevendo a melhor resposta possível. Além disso, identificar os factores que influenciam significativamente o produto de interesse através da análise de variância **(Chelladurai *et al.*, 2021)**. Um CCD está entre os tipos mais comuns de RSM que são utilizados nos processos de otimização e é empregue para investigar as condições operacionais óptimas que produzem a resposta de interesse **(Bhattacharya, 2021)**.

O CCD é um design fatorial fraccionado que fornece 5 níveis para cada fator através de três tipos de pontos: um design fatorial 2^n (+1 e -1 níveis), com $2n$ pontos axiais ou pontos alfa (+2 e -2 níveis) e n_c pontos centrais (0 nível). Os pontos centrais determinam o erro experimental e a exatidão dos dados. Os pontos axiais são tomados de forma a garantir a ratabilidade, e a variância de previsão do modelo é constante em todos os pontos, equidistantes do centro do projeto **(Sugashini e Begum, 2012)**.

Setyoningrum e Nur (2015) utilizaram a metodologia de superfície de resposta (RSM) com um desenho composto central para avaliar as interações entre o melaço e a ureia na produção de ficocianina a partir de *S. platensis*. Descobriram que 114,74 mg/L e 0,196 g/L de ureia e melaço, respetivamente, produziram uma concentração óptima de ficocianina.

Prabuthas *et al.* (2011) conceberam uma experiência utilizando CCD para estimar o efeito de quatro parâmetros ambientais, incluindo a temperatura, a intensidade da luz, o período de incubação e a concentração de inóculo no rendimento da biomassa (g/L) e no teor de proteínas (%) de *S. platensis. platensis*, os resultados mostraram que uma temperatura de 33,6°C, uma intensidade de luz de 67,50pmolm-2s^{-1} , um período de incubação de 16 dias e uma concentração de inóculo de 20 % proporcionaram uma biomassa seca máxima (1,13 g/L) e proteína (57,45 %).

1.6 Produção em grande escala de *S. platensis*

A primeira produção em grande escala de *S. platensis* foi no México **(Habib *et al.*)**; no entanto, atualmente, a China, a Índia e a Austrália são os países mais produtores de *S. platensis* **(Chen *et al.*, 2015)**. O cultivo de microalgas em larga escala é realizado em biorreatores fechados ou abertos, o que constitui o primeiro passo para a comercialização dos seus produtos de valor acrescentado **(Zittelli *et al.*, 2013)**. O controlo das condições de cultivo (temperatura e pH), o rendimento da biomassa, a taxa de evaporação da água e a diminuição da possibilidade de contaminação com outros microrganismos são os factores-chave da superioridade dos fotobiorreactores fechados em relação aos tanques abertos. No entanto, a utilização à escala industrial de fotobiorreactores fechados não é viável devido ao elevado custo das técnicas de construção e operação **(Aden *et al.*, 2017)**. Em contrapartida, os tanques abertos são utilizados comercialmente para a produção de microalgas porque são mais baratos de construir e operar do que os sistemas fechados **(Slade e Bauen, 2013)**.

Os biorreactores do tipo Raceway são biorreactores abertos amplamente utilizados, construídos em betão diretamente no solo e cobertos com um revestimento polimérico. A profundidade da cultura de microalgas é de aproximadamente 15-30 cm, com uma roda de pás para a circulação da água, a fim de manter as células em suspensão e evitar a sua floculação **(Hase *et al.*, 2000)**.

A produção comercial de *S. platensis* depende de muitos factores, nomeadamente a composição do meio, a temperatura, a irradiância, o pH, o arejamento e a mistura **(Thevarajah *et al.*, 2022)**. Estes factores, em particular a composição do meio, podem afetar os custos globais de produção, uma vez que representam aproximadamente 15-25% do custo total de produção **(Selvendran, 2015)**. É bem conhecido que o meio de Zarrouk é o meio ideal para o cultivo de *S. platensis*, que tem alta produtividade de biomassa e teor de proteína devido às suas concentrações ideais de nutrientes **(Martins *et al.*, 2020)**. No entanto, este meio padrão é considerado dispendioso na produção em grande escala. Assim, a modificação da composição do meio ou a formulação de um meio alternativo utilizando resíduos do processamento de alimentos e águas residuais é necessária para reduzir o custo de produção, ao mesmo tempo que se obtém uma elevada produtividade de biomassa e teor de proteínas.

A utilização de *S. platensis* como um biotransformador de resíduos agrícolas e industriais em proteínas de elevada biomassa é uma aplicação eficaz que melhora a viabilidade económica da produção unicelular em grande escala, bem como a gestão de resíduos **(Ukaegbu- Obi, 2016; Thevarajah *et al.*, 2022)**.

A temperatura e a radiação solar são outros parâmetros que afectam o crescimento e a produtividade de *S. platensis*. A temperatura máxima para o crescimento máximo de *S. platensis* varia de 30°C a 35°C, enquanto a produção de biomassa diminui em temperaturas abaixo de 17°C. Além disso, a radiação solar é um recurso natural de luz que varia com as mudanças sazonais e climáticas **(de Jesus *et al.*, 2018)**. Além disso, a mistura da cultura obtida pela roda de pás é necessária para uma distribuição uniforme da temperatura, luz e CO_2, o que aumenta o rendimento da biomassa. A velocidade de rotação do motor deve ser otimizada para manter a viabilidade das células e evitar a quebra do filamento **(Soni *et al.*, 2019)**. Além disso, o pH 9,5 ou superior é necessário para o cultivo ideal de *Spirulina* sp em uma produção em larga escala. Por conseguinte, o ajuste do pH do meio *de Spirulina* através da adição de sais de carbonato ao meio nutritivo é necessário para manter a elevada alcalinidade, o que reduz a possibilidade de contaminação por outras algas **(Usharani *et al.*, 2012)**

1.7 Aplicações biotecnológicas das cianobactérias

1.7.1 Produção de proteínas unicelulares

A produção de proteínas unicelulares é uma das aplicações industriais das cianobactérias. Devido ao aumento da população humana, é necessário produzir mais alimentos, mas, ao mesmo tempo, as terras agrícolas são limitadas. Por isso, os investigadores estão a tentar encontrar alternativas aos produtos agrícolas que contenham o mesmo valor nutritivo, utilizando uma nova tecnologia chamada agricultura celular, que depende da utilização de células de animais, plantas e micróbios para produzir materiais agrícolas, em vez da produção por animais de criação ou culturas. A produção de proteínas unicelulares (SCP) é um exemplo de agricultura celular. **(Nyyssola *et al.*, 2022)**.

A SCP é uma biomassa seca com elevado teor de proteínas que pode ser utilizada como proteína alternativa na alimentação animal ou em suplementos nutricionais para o homem. Além disso, contém hidratos de carbono, aminoácidos livres, lípidos e vitaminas **(Anupama e Ravindra, 2000)**. Diferentes microrganismos, como leveduras, bactérias e cianobactérias, podem produzir SCP **(Nasseri *et al.*, 2011)**. A cianobactéria mais comum utilizada na produção de SCP é a *S. platensis*. A produção de SCP depende de muitos factores, tais como a concentração do substrato, o tamanho e a idade do inóculo, a composição do meio de cultura, o pH e a temperatura **(Reihani e Khosravi-Darani, 2019)**. Além disso, podem ser utilizados diferentes tipos de substratos para a produção de SCP. A tendência comercial para a produção de SCP depende da utilização de resíduos da agricultura e resíduos alimentares, que são substratos baratos, não tóxicos e renováveis, resultando em biomassa com elevado teor proteico e gestão de resíduos **(Ukaegbu-Obi, 2016)**. Por exemplo, a biotransformação dos nutrientes das águas residuais do arroz parboilizado em proteínas unicelulares pela cianobactéria *Aphanothece microscopica* **(Jacob-Lopes *et al.*, 2006)**. A investigação conduzida por **Shanthi *et al.* (2021)** revelou que *a S. platensis* cultivada em hidrolisado de proteína de peixe aumentou o peso seco, a proteína e o teor de ficocianina em comparação com o meio de Zarrouk.

1.7.2 Produção de pigmentos de ficobiliproteínas

O sistema responsável pela fotossíntese nas cianobactérias é constituído por dois tipos de fotossistemas, o fotossistema I e o fotossistema II, que contêm clorofila a como pigmentos primários de captação de luz. Além disso, o PS II contém complexos únicos de colheita de luz chamados phycobilisomes (PBSs), que estão localizados em uma membrana de tilacóides e são compostos principalmente de phycobiliproteínas que colhem e transferem luz para o centro de reação **(Ledermann *et al.*, 2017)**.

As PBPs são pigmentos solúveis em água, holo-proteínas de várias cadeias compostas por apo-proteínas com cromóforos de tetrapirrolo de ficobilina ligados covalentemente **(Schluchter *et al.*, 2010)**. A síntese das PBPs depende do azoto ambiental, que pode atuar como estruturas de armazenamento de azoto **(Boussiba e Richmond, 1980)**.

As cianobactérias contêm três tipos principais de PBPs que lhes adquiriram a cor caraterística, nomeadamente a aloficocianina com uma absorvância máxima de 650 nm, um pigmento azul ficocianina com uma absorvância máxima de 620 nm e uma absorvância máxima do pigmento vermelho ficoeritrina de 540 nm **(Mishra *et al.*, 2012)**.

As ficobiliproteínas extraídas de cianobactérias representam aproximadamente 40-60% do total de proteínas solúveis que têm aplicações industriais e biomédicas, como corantes naturais, suplementos alimentares, processamento de alimentos, agentes anticancerígenos e antioxidantes **(Sekar e Chandramohan, 2007; Richa *et al.*, 2011; Stadnichuk e Tropin, 2017)**.

1.7.2.1 Ficocianina

A ficocianina é um complexo pigmento-proteína que representa a principal ficobiliproteína em muitas cianobactérias **(Moon *et al.*, 2014)**. O pigmento tem um único máximo de absorvância visível entre 615 e 620 nm e uma emissão máxima de fluorescência a cerca de 640 nm, com peso molecular entre 70 e 110 kD. Este pigmento é composto por duas subunidades de *a* com baixo peso molecular e *в* com alto peso molecular **(Tandeau de Marsac, 2003)**. Este pigmento possui algumas propriedades médicas, que incluem antioxidantes, anti-inflamatórias e anticancerígenas. A ficocianina produzida por *Limnothrix* sp. teve uma atividade antioxidante significativa semelhante à rutina, um antioxidante natural **(Gantar *et al.*, 2012)**. **Thangam *et al.* (2013)** concluíram que a ficocianina purificada isolada de *Oscillatoria tenuis* apresentou atividade anticancerígena contra células cancerígenas humanas. Além disso, **El-Naggar *et al.* (2017)** sintetizaram nanopartículas de prata usando extrato de ficocianina de *Nostoc linckia*.

1.7.3 Nanobiotecnologia

A nanotecnologia é a ciência de conceber, sintetizar, caraterizar e aplicar materiais cujos tamanhos variam entre um e cem nanómetros. Atualmente, a nanotecnologia é amplamente utilizada por investigadores em vários sectores, incluindo a agricultura, a medicina e a biorremediação **(Silva, 2004; Manjunatha *et al.*, 2016; Hidangmayum *et al.*, 2022)**.

As técnicas físicas e químicas são normalmente utilizadas para produzir nanopartículas, mas estas técnicas são dispendiosas, não sustentáveis e têm impactos nocivos no ambiente. Consequentemente, é necessário desenvolver técnicas alternativas, sustentáveis e amigas do ambiente para produzir nanopartículas e minimizar os inconvenientes das técnicas físico-químicas, o que levou os investigadores a recorrer à nanotecnologia verde **(Nasrollahzadeh *et al.*, 2019)**. A nanotecnologia verde baseia-se em organismos vivos como bactérias, fungos, microalgas, cianobactérias e plantas ou suas biomoléculas e extractos brutos para sintetizar nanopartículas **(Bhattacharya e Gupta, 2005; Parsons *et al.*, 2007; Dahoumane *et al.*, 2017)**.

Os microrganismos produzem nanopartículas, quer intracelulares quer extracelulares, utilizando agentes redutores que actuam como factores de estabilização **(Salem e Fouda, 2021)**. Uma síntese intracelular envolve a incubação de toda a célula microbiana com uma solução aquosa de metais em condições de crescimento controladas **(Fernandez-Llamosas *et al.*, 2017)**. Além disso, uma síntese extracelular de NPs é realizada pela incubação de um sobrenadante de cultura de microrganismos que contém enzimas redutases com uma solução aquosa de metais **(Das *et al.*, 2014)**. Uma mudança cromática específica indica a formação de NPs. Por exemplo, as nanopartículas de prata têm uma cor castanha **(Shivaji *et al.*, 2011)**, as nanopartículas de selénio têm uma cor vermelho-tijolo **(Shahabadi *et al.*, 2021)**, as NPs de óxido de zinco são indicadas pela formação de uma cor branca leitosa **(Fahimmunisha *et al.*, 2020)** e as nanopartículas de ouro apresentam uma cor púrpura **(Chakraborty *et al.*, 2008)**. Além disso, a verificação de NPs biossintetizadas é realizada através de várias técnicas para avaliar seus caracteres físico-químicos, incluindo tamanho, distribuição, dispersão, estabilidade, carga e morfologia da superfície **(Shah *et al.*, 2015)**. Estas técnicas envolvem a espetroscopia UV-Vis, que é utilizada para detetar as caraterísticas ópticas das nanopartículas metálicas através da medição da ressonância plasmónica **(Haiss *et al*, 2007)**, a espetroscopia de infravermelhos com transformador de Fourier (FTIR) foi utilizada para avaliar os possíveis grupos funcionais que revestem as NPs, a técnica de dispersão dinâmica da luz (DLS) e o potencial Zeta revelam a distribuição do tamanho e a carga superficial das NPs, que prevêem a sua estabilidade e evitam a agregação de partículas **(De Jaeger *et al.*, 2004)**, a técnica de difração de raios X (XRD) é utilizada para determinar a natureza cristalina das NPs. Além disso, o Microscópio Eletrónico de Transmissão (TEM) é uma técnica amplamente utilizada para estimar o tamanho e a forma das NPs **(Chauhan *et al.*, 2012)**.

As cianobactérias estão entre os microrganismos interessantes utilizados na biossíntese de NPs metálicas, tanto intracelulares como extracelulares, não só porque podem acumular metais pesados, mas também porque crescem rapidamente, produzindo biomassa com uma diversidade de biomoléculas que podem ajudar em todo o processo de biossíntese de NPs. As NPs produzidas são utilizadas em várias aplicações biomédicas e biotecnológicas **(Hamida *et al.*, 2020)**.

Como mostra a Figura 3, o biofabrico de NPs utilizando cianobactérias através da síntese extracelular utilizando biomoléculas como pigmentos, em especial ficocianina e ficoeritrina, proteínas, enzimas e polissacáridos, ou intracelular utilizando toda a biomassa

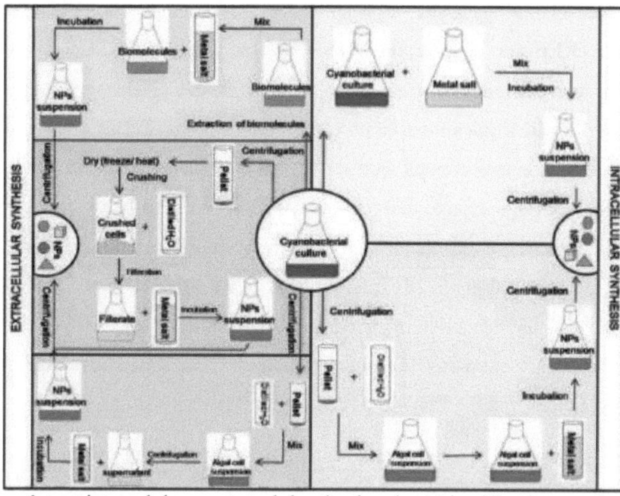

Figura 3. Biossíntese intracelular e extracelular de cianobactérias **(Pandey *et al.*, 2022)**.

As cianobactérias são consideradas como bio-nano-fábricas para a produção de vários tipos de NPs; **Younis *et al.* (2022)**, sintetizaram nanopartículas de prata com atividade antimicrobiana utilizando a cultura de *Synechocystis* sp. Da mesma forma, a biogénese de NPs de prata utilizando um extrato de cianobactéria *Leptolyngbya* sp. exibiu um agente antibacteriano e um efeito significativo na germinação de sementes de culturas de trigo em baixa concentração **(Singh *et al.*, 2020)**. Além disso, o extrato bruto de ficocianina de *Nostoc linckia* foi utilizado para sintetizar NPs de prata **(El-Naggar *et al.*, 2017)**.

MubarakAli *et al.* (2013) avaliaram o potencial da *Phormidium* sp. para fabricar AuNPs em comparação com a alga verde *Coelastrella* sp. Concluíram que a cianobactéria produziu AuNPs nanotriangulares de 25nm e a alga verde produziu AuNPs nanoesferas de 30nm.

Pandey *et al.* (2021) utilizaram o extrato de *Anabaena* sp. para sintetizar Se-NPs, que inibiram significativamente o crescimento de bactérias patogénicas, além disso, actuaram como um potente antioxidante a uma concentração mínima e inibiram a proliferação da linha celular HeLa com um valor IC50 de 5,5^g/mL.

A biofabricação de ZnONPs em forma de estrela com um diâmetro de 50-80 nm usando extrato celular de *Nostoc* sp.**(Ebadi *et al.*, 2019)**. No entanto, os ZnONPs sintetizados por **Ebadi *et al.* (2022)** eram em forma de haste com um diâmetro de 88 nm ao usar um extrato de *Desertifilum* sp. Além disso, a utilização do extrato celular de *S. platensis* como um biorecurso para a fabricação de nanopartículas de óxido de cobre em forma esférica com um diâmetro de 30-40 nm **(Saran *et al.*, 2017)**.

1.7.3.1 Síntese verde de nanopartículas de selénio

Atualmente, os investigadores estão interessados nas nanopartículas de selénio (Se-NPs) devido à sua potencial utilidade em várias aplicações, tais como antibacteriana, antioxidante e anticancerígena **(Kieliszek e Blazejak, 2016)**. As nanopartículas de selénio são tipicamente sintetizadas por técnicas físicas e químicas convencionais, que produzem nanopartículas caras e inseguras que limitam a sua aplicação no campo da medicina. Portanto, o método biológico substituiu os métodos convencionais, que satisfazem a crescente demanda por nanopartículas seguras, baratas e ecologicamente corretas **(Wadhwani *et al.*, 2016)**. vários organismos são incorporados à biossíntese de Se-NPs, incluindo plantas superiores, fungos, bactérias e cianobactérias **(Wadhwani *et al.*, 2017; Afzal *et al.*, 2019; Menon *et al.*, 2019; Zhang *et al.*, 2019)**. As nanopartículas de selênio podem ser produzidas intracelular ou extracelular por meio de biomoléculas extraídas, a saber, proteínas, polissacarídeos, pigmentos, fenóis, açúcares e flavonóides, que participam da biossíntese de nanopartículas de selênio **(Sharma *et al.*, 2014)**.

Os extratos vegetais são amplamente utilizados na biossíntese de Se-NPs; **Fardsadegh e Jafarizadeh-Malmiri (2019)** empregaram um extrato da folha de Aloe vera na biossíntese de Se-NPs em condições de otimização. Além disso, as Se-NPs esféricas produzidas apresentaram atividade antibacteriana e antifúngica. Em outro estudo, um extrato aquoso da fruta *Emblica officinalis* foi usado para preparar Se-NPs esféricas do tamanho de 15-40 nm **(Gunti *et al.*, 2019)**. Além disso, a biofabricação de Se-NPs foi realizada utilizando os resíduos de cascas de laranja, que produziram Se-NPs esféricas e polidispersas com um diâmetro de 16-95 nm com atividade biológica contra bactérias patogénicas resistentes **(Salem *et al.*, 2022)**.

As bactérias também são incorporadas na biossíntese de Se-NPs; **Bharathi *et al.* (2020)** biossintetizado de Se-NPs usando um extrato de *Bacillus* sp. isolado que tem um efeito de citotoxicidade contra a linha celular A549 com valor IC50 de 3Lig / ml, bem como **Wang *et*** *al.* **(2018)** mencionaram a biotransformação de selenito de sódio em Se-NPs amorfos por isolados de *Alcaligenes faecalis Se03*.

Além disso, os fungos; **Zare *et al.* (2013)** sintetizaram Se-NPs de cerca de 47nm utilizando o extrato do fungo *Aspergillus terreus*. Além disso, a produção eficiente de nanopartículas de selênio (Se-NPs) foi realizada usando o filtrado de *Monascus purpureus* ATCC16436 cultivado em bagaço de cana-de-açúcar sob fermentação em estado sólido, que gerou Se-NPs esféricas com um diâmetro de cerca de 46,58 nm e adicionalmente revelou atividade antioxidante e anticâncer bem-sucedida **(El-Sayed *et al.*, 2020)**.

Foram realizados estudos menores sobre o papel das cianobactérias na biossíntese de Se-NPs; **Afzal *et al.* (2019)** rastrearam os extratos brutos de cianobactérias para sintetizar as nanopartículas de selênio, e **Yang *et al.* (2012)** empregaram o extrato de polissacarídeos de *S. platensis* para sintetizar Se-NPs e rastrear sua atividade anticâncer.

1.7.4 Actividades antibacterianas, antioxidantes e anticancerígenas

Atualmente, os investigadores estão interessados em encontrar agentes novos, alternativos e eficazes com baixa toxicidade e sem efeitos secundários para tratar doenças, ao contrário das terapias tradicionais que têm baixa eficácia e alguns efeitos secundários significativos. Além disso, o aparecimento e a propagação de organismos resistentes aos medicamentos devido à utilização incorrecta e excessiva de antibióticos afectam negativamente a saúde humana **(Martinez-Esquivias *et al.*, 2022)**. Além disso, a produção descontrolada de radicais livres através do metabolismo celular, que provoca danos nas proteínas, no ADN e a morte celular. Os principais radicais livres na célula são as espécies reactivas de oxigénio (ROS), e o seu excesso tem efeitos nocivos na saúde humana **(Pizzino *et al.*, 2017)**. Os antioxidantes são substâncias sintéticas ou naturais que neutralizam os radicais livres e reduzem os danos causados à célula pelos radicais livres. Uma vez que os antioxidantes sintéticos têm alguma toxicidade e efeitos secundários com a utilização a longo prazo **(Xu *et al.*, 2021)**, os investigadores devem utilizar recursos naturais para produzir antioxidantes que sejam seguros, não tóxicos e sem efeitos secundários **(Valenzuela B *et al.*, 2007)**.

Recentemente, vários investigadores têm-se interessado em produzir compostos bioactivos a partir de cianobactérias com aplicações biomédicas, tais como actividades anticancerígenas, anti-inflamatórias, antioxidantes e antibióticas **(Gademann e Portmann, 2008; Singh *et al.*, 2011; Rajishamol *et al.*, 2016)**. Os metabolitos de cianobactérias podem ser utilizados diretamente para actividades biológicas **(Gademann e Portmann, 2008)** ou indiretamente através da utilização destas moléculas bioactivas na biossíntese de nanopartículas com actividades antibacterianas e anticancerígenas **(Afzal *et al.*, 2021)**.

O efeito antiproliferativo do composto de cianobactérias em linhas celulares humanas foi realizado em diferentes estudos. O extrato bruto da cianobactéria *Oscillatoria* sp. apresentou um efeito citotóxico contra a linha celular de cancro da mama (MCF-7) in vitro **(Nair e Bhimba, 2013)**. *Lyngbya* sp. produz apratoxina D, que tem um efeito citotóxico potente em células humanas de cancro do pulmão **(Gutierrez *et al.*, 2008)**. Além disso, os extractos de cianobactérias podem afetar negativamente o crescimento de bactérias patogénicas. Os resultados experimentais de **Tiwari e Sharma (2013)** mostraram que. O extrato etanólico de *Anabaena variabilis* inibiu o crescimento de *E.coli* com uma zona de inibição de 17 ± 1,8 mm. Da mesma forma, o extrato metanólico de *Synechococcus elongates* inibiu o crescimento de *E. coli* e *Enterococcus* sp, com uma zona de inibição de 17 mm e 18 mm, respetivamente. Além disso, **Babic *et al.* (2015)** estudaram a atividade antioxidante do extrato de cianobactérias, concluíram que os extratos etanólicos de *Calothrix* mostraram antioxidante em DPPH com $IC_{50} = 30,72 \pm 3,31 p.gmL^{-1}$ em comparação com o antioxidante sintético.

Além disso, as nanopartículas sintetizadas a partir de cianobactérias têm atividade antioxidante e anticancerígena; o estudo de **Pandey *et al.* (2021)** revelou que *Anabaena* sp. a cultura poderia sintetizar nanopartículas de selênio quando misturada com sódio que exibia atividade antibacteriana contra bactérias patogênicas, um potente antioxidante e maior citotoxicidade contra células de câncer cervical HeLa, da mesma forma, **Afzal *et al.* (2019)** examinaram o extrato de vinte cianobactérias para a produção de nanopartículas de selénio e testaram a sua atividade antioxidante, tendo *a Arthrospira indica* apresentado uma atividade antioxidante máxima.

2 Objetivo do trabalho

Este estudo tem como objetivo o rastreio do extrato de bolo de filtro de beterraba como meio nutritivo alternativo para o cultivo de cianobactérias, a otimização das condições de crescimento para obter a biomassa máxima e o teor de proteínas de *S. platensis* utilizando a metodologia de superfície de resposta com um desenho composto central (CCD), o aumento da escala de *Spirulina* sp de pequena escala para lagoa aberta de pista dependendo da otimização das condições de cultivo, a extração da ficocianina bruta da cianobactéria *Leptolyngbya* sp. para a biossíntese de nanopartículas de selénio, a caraterização das Se-NPs biossintetizadas utilizando diferentes métodos padrão e o teste da atividade antibacteriana, antioxidante e anticancerígena das Se-NPs biossintetizadas.

3 Materiais e métodos

3.1 Parte I

3.1.1 Recolha, preparação e composição química do extrato aquoso de BFC

O BFC foi recolhido na fábrica de açúcar de Dakahlia, província de Dakahlia, Egito. Cem gramas de resíduos sólidos foram transferidos para uma garrafa Schott Duran® (wl) de 2 l com tampa de rosca, previamente pesada, contendo 1 l de água destilada, autoclavada a 121 °C, 1,5 atm durante 20 minutos. Após a autoclavagem, a garrafa foi deixada a repousar e, em seguida, o extrato claro de bolo de filtração de beterraba (BFCE) foi separado em condições assépticas. Foi efectuada uma caraterização completa dos ingredientes do BFCE, incluindo o nitrato, o amónio e o fósforo. Para confirmar a ausência de poluentes tóxicos, a concentração dos minerais foi detectada por espetrometria de massa com plasma indutivamente acoplado (ICP-MS) antes da utilização em outras experiências.

3.1.2 Preparação de culturas de reserva de *S. platensis*

Cerca de 40 ml de inóculo axénico de *S. platensis* em crescimento exponencial (O.D 0.8 a 860nm) (10% v/v) o inóculo foi transferido para 400ml de meio padrão de Zarrouk (SZM) em frasco Erlenmeyer de 500ml, a composição do meio é mostrada na **Tabela 1**, **(Zarrouk, 1966)**, então incubado a 26 ± 2°c sob 50 |imol/s/m^2 iluminações com ciclos de 16:8 horas de luz e escuridão, sob aeração constante (O ar bombeado foi esterilizado primeiro passando por filtros de ar bacterianos de 0,22ц de diâmetro de poro). Esta cultura foi mantida durante 7-10 dias. Estas culturas de reserva foram utilizadas como inoculante na experiência.

Tabela 1. Composição do meio padrão de Zarrouk

Nutriente	Final concentração(g/L)	Stock em 1L	Quantidades adicionadas por 1L de meio
$NaHCO_3$	16.8	-	16.8 g
$NaNO_3$	2.5	-	2.5 g
K_2HPO_4	0.5	50	10ml
K_2SO_4	1.0	100	10ml
NaCl	1.0	100	10ml
$MgSO_4.7H_2O$	0.2	20	10ml
$CaCl_2.2H_2O$	0.04	4	10ml
$FeSO_4.7H_2O$	0.01	1	10ml
Na2EDTA	0.08	8	10ml
Solução de micronutrientes	1ml	-	1ml

A solução de micronutrientes consiste em H_3BO_3, 2,86, $MnCl_2.4H_2O$, 1,81, $ZnSO_4.7H_2O$, 0,222, $CuSO_4.5H_2O$, 0,079, e Na_2MoO_4 2 H_2O, 0,0177 (g/L).

3.1.3 Cultivo de *S. platensis* em diferentes concentrações de BFCE

As culturas suplementadas com BFCE foram preparadas através da adição de diferentes volumes de extrato de bolo de filtro de beterraba (BFCE) ao meio padrão de Zarrouk (SZM), enquanto o SZM serviu apenas como tratamento de controlo. Foram aplicadas duas estratégias neste estudo, como se segue:

3.1.3.1 Cultivo em cultura descontínua de *S. platensis*

5. platensis foi cultivada em SZM suplementada com BFCE. Os constituintes da SZM foram eliminados gradualmente e substituídos por um volume percentual crescente de BFCE (SZM, 25%, 50%, 75% e 100% BFCE). A experiência foi efectuada em réplicas para cada tratamento. Todos os tratamentos foram efectuados com um volume total de 400ml num Erlenmeyer de 500ml, sendo depois inoculados com 10% (v/v) de cultura em crescimento exponencial (O. D=0,8 a 680nm). Simultaneamente, a temperatura de incubação foi de 26 ± 2 °C, 50 |imol/s/m^2 iluminações, 16:8 horas de luz: ciclo escuro, e borbulhamento contínuo com fluxo de ar esterilizado durante sete dias.

3.1.3.2 Experiência de aclimatação progressiva dos resíduos

Nesta conceção, a cultura foi sujeita a um aumento gradual da concentração de BFCE para cada ciclo, enquanto o controlo foi apenas SZM. Na primeira série, o inóculo de *S. platensis* foi inoculado em SZM e 25% de BFCE. Depois de uma semana, cada frasco da experiência foi dividido igualmente em duas fracções (200 ml cada) e centrifugado a 6000 rpm durante 10 minutos. O pellet da primeira fração foi utilizado para análise posterior após liofilização. Por outro lado, o sedimento da outra fração foi utilizado como inóculo na corrida seguinte, com um incremento da proporção de meio BFCE igual a 25% de BFCE superior à concentração atual. Simultaneamente, os frascos de controlo seguiram os mesmos passos, mas com a mesma SZM para a corrida seguinte. Como resultado, um total de quatro séries com concentrações de BFCE de 25, 50, 75 e 100% durante 28 dias foi a duração total da experiência, enquanto o controlo para cada série continuava a ser os mesmos constituintes SZM.

3.1.4 Métodos analíticos

3.1.4.1 Determinação dos parâmetros de crescimento

3.1.4.1.1 Densidade ótica

Uma alíquota (2 ml) de cada frasco foi medida diariamente utilizando um espetrofotómetro a um comprimento de onda de 680 nm para observar o desenvolvimento da biomassa diária de *S. platensis* **(Yap *et al.*, 2018).**

3.1.4.1.2 Atividade fotossintética

Para a avaliação do desempenho fotossintético, o rendimento quântico máximo do fotossistema II (PSII) (Fv/Fm) foi medido diariamente em culturas adaptadas à escuridão durante 10 minutos de *S. platensis* cultivada em SZM e BFCE, utilizando um fluorómetro portátil de modulação da amplitude de impulsos (PAM) (AquaPen AP 110-C). A eficiência fotoquímica máxima do fotossistema II (Fv/Fm) foi medida para avaliar as condições de stress, sendo calculada a partir da seguinte equação

$(Fv/Fm) = (Fm- F_0)/ Fm$

Em que Fv, emissão de fluorescência variável, (F_0) é o nível mínimo de fluorescência das células adaptadas à escuridão após exposição a um feixe não actínico, e a fluorescência máxima (F_m) após um impulso de luz actínico curto mas forte **(Cosgrove e Borowitzka, 2010)**.

3.1.4.1.3 Determinação do peso seco

Para a estimativa do peso seco, a cultura de *S. platensis* foi colhida no final do período de cultivo por centrifugação a 6000 rpm durante 15 minutos. Em seguida, o sedimento foi lavado com água destilada para remover qualquer sal remanescente. O sedimento de *S. platensis* foi seco num liofilizador durante 48 horas a -50 °C e depois pesado. O peso seco é expresso em g/L **(Vonshak, 1997)**.

3.1.4.1.4 Estimativa do pigmento fotossintético

Foram centrifugados dez ml da cultura de *S. platensis*. Em seguida, o sedimento foi homogeneizado com um volume conhecido de acetona a 80% utilizando um almofariz num banho de gelo, incubado durante a noite no escuro para extrair a fração de pigmentos (clorofila a e carotenóides), seguido de centrifugação a 4000 rpm durante 10 minutos. O extrato de pigmento recolhido foi medido espectrofotometricamente a comprimentos de onda de 664, 647, 630 e 452 nm, respetivamente. As concentrações de pigmentos foram calculadas segundo as equações de **Jeffrey e Humphrey (1975)**.

Chl-a (g/ml) =11,08(OD664)-1,54(OD647)-0,08(OD630)

3.1.4.2 Determinação das caraterísticas bioquímicas

3.1.4.2.1 Estimativa do teor de proteínas

Reagentes:

1-Lowry A: Na_2CO_3 (2%) em NaOH 0,1N

2-Lowry B: tartarato de NaK tetra-hidratado (1%)

3-Lowry C: $CuSO_4.5H_2O$ (0,5%)

4-Lowry D: 50:1:1 proporção de Lowry A, Lowry B e Lowry C, respetivamente, foi misturada diariamente.

5- Reagente de Folin-fenol (preparado diariamente): Um ml de reagente de Folin-fenol foi diluído com água destilada numa proporção de 1:1.

Procedimentos:

O teor de proteínas foi determinado de acordo com o método de Lowry **(Lowry *et al.*, 1951)**, com uma ligeira modificação baseada em **Rausch (1981)**, como se segue: 10 mg de biomassa liofilizada foram homogeneizados com 5 ml de reagente de Biureto recentemente preparado

(Lowry D), incubados num banho de água a 100°C durante 60 min e depois centrifugados a 4000 rpm durante 10 min, e o sobrenadante foi utilizado para determinar o teor de proteínas da seguinte forma: 100 gl de extrato e 900 gl de Lowry D foram incubados durante 10 minutos, depois foram adicionados 100 gl de reagente Folin-fenol recentemente preparado, a mistura foi incubada durante 30 minutos no escuro e a densidade ótica foi medida a 600 nm. Para calcular o teor de proteínas, foi utilizada uma curva padrão de albumina de soro bovino (100-1000 g/ml).

3.1.4.2.2 Estimativa do teor de hidratos de carbono

Reagentes:

1-H_2SO_4 concentrado

2- fenol (5%)

Procedimentos:

Os hidratos de carbono totais foram determinados de acordo com o método do ácido fenol-sulfúrico descrito por **DuBois *et al.* (2002)** da seguinte forma: 10 mg de uma amostra de algas liofilizada foram homogeneizados em 5 ml de H_2SO_4 concentrado, tendo esta mistura sido incubada a 100 °C durante uma hora. Em seguida, 0,5 ml de cada amostra foi bem misturado com 0,5 ml de fenol (5%) e 2,5 ml de H_2SO_4. Após arrefecimento, a densidade ótica foi medida a 490 nm. Foi utilizada uma curva padrão de glucose (10-100 iig/ml) para estimar o teor de hidratos de carbono.

3.1.4.2.3 Determinação do teor lipídico

Reagentes:

1- Mistura de clorofórmio e metanol (2:1)

2- NaCl (0,9%)

3- Reagente de fosfo-vanilina: dissolveu-se 0,120 g de vanilina em 20 ml de água destilada, elevando-se depois a 100 ml com ácido fosfórico (85%)

A concentração lipídica foi estimada pelo método sulfo-fosfo-vanilina descrito por **Byreddy *et al.* (2016)** da seguinte forma: 10mg de uma biomassa liofilizada foram deixados durante a noite com 3ml de mistura clorofórmio: metanol para extração de lípidos, depois o sobrenadante foi recolhido (V1), outro volume de solvente foi adicionado ao pellet, deixado durante a noite e o sobrenadante recolhido novamente (V2), estes procedimentos foram repetidos até o solvente adicionado ao pellet se tornar incolor. Em seguida, adicionou-se 1,5 ml de NaCl (0,9%) ao sobrenadante recolhido e centrifugou-se a 4000 rpm durante 10 minutos. A camada superior de metanol foi eliminada e, em seguida, foi registado o volume da camada inferior de clorofórmio contendo lípidos. 300 Щ de extrato de clorofórmio foram transferidos para um frasco de vidro e evaporados a 90°C, 100 Lil de água destilada foram adicionados, depois um ml de ácido sulfúrico concentrado foi adicionado e incubado num banho de água a ferver durante 10 minutos. Após arrefecimento, adicionaram-se 2,5 ml de reagente de fosfovanilina recentemente preparado a cada tubo e incubou-se a 37°C durante 15 minutos até se desenvolver a cor rosa e mediu-se a cor desenvolvida a 530 nm. A concentração lipídica foi determinada pela curva padrão de colesterol (50-500^g/ml)

3.1.5 Conceção experimental para a otimização do teor de proteínas e do rendimento do crescimento em *S. platensis* utilizando a conceção composta central.

Um projeto central composto (CCD) é o projeto RSM mais popular e foi aplicado para determinar a influência combinada de duas ou mais variáveis utilizadas na experiência. Com base nos resultados das experiências anteriores, foram escolhidas quatro variáveis independentes, nomeadamente (concentração de nitratos (g/L), concentração de bicarbonato de sódio (g/L), concentração de BFCE (%) e valor de pH) e duas variáveis dependentes, nomeadamente rendimento de biomassa (g/L) e teor de proteínas (%), para o delineamento da experiência por CCD no software Minitab© com cinco níveis de variáveis para os factores selecionados (-2,-1,0,+1,+2), como se mostra no **Quadro 2**.

Tabela 2. Limite de código para as variáveis independentes utilizadas no delineamento composto central.

Fator	unidade	Símbolo	Níveis				
			-2	-1	0	+1	+2
$NaNO_3$	(g/L)	X1	0.6	1.075	1.55	2.025	2.5
$NaHCO_3$	(g/L)	X2	0	4.2	8.4	12.6	16.8
BFCE	(%)	X3	0.25	0.375	0.5	0.625	0.75
PH	-	X4	8	8.75	9.5	10.25	11

A conceção CCD gerou 31 séries com sete réplicas de pontos centrais, para além do frasco de controlo contendo apenas SZM. Cada frasco foi inoculado com 40 ml de inóculo de *S. platensis* e incubado em condições óptimas de cultura. A atividade fotossintética e a densidade ótica a OD= 680nm foram medidas diariamente. No final da experiência, a produção de biomassa foi determinada pelo peso seco e pelo teor de proteínas utilizando o método de Lowry **(Lowry *et al.*, 1951).**

Os resultados óptimos previstos foram calculados de acordo com a seguinte equação **(Ahmad *et al.*, 2018)**.

Y=e0+Z B i Xi+Z B ii Xii+Z Pij Xij (eq.1)

Em que Y é a resposta, ei é o coeficiente de regressão para cada fator, eii é o coeficiente de regressão para os efeitos quadrados e Bij é o coeficiente de regressão para a interação.

Os dados obtidos foram analisados utilizando a análise de variância (ANOVA) e a análise gráfica dos dados experimentais utilizando o software Design Expert 8. Com base nos resultados da análise, foi efectuada uma experiência de validação para o CCD.

3.1.6 Cultivo exterior em grande escala de *S. platensis* em BFCE para produção de proteínas

Com base nos resultados das experiências de otimização, procedeu-se ao aumento da escala de *S. platensis* do laboratório para um tanque de canal aberto. O cultivo em grande escala foi efectuado em tanques de rega ao ar livre com uma capacidade de 1000 L e uma profundidade de 30 cm, construídos na Faculdade de Ciências da Universidade de Mansoura e equipados com rodas de pás para a mistura de culturas. A luz solar foi a única fonte de luz. Um destes tanques foi utilizado para o meio padrão de Zarrouk **(Zarrouk, 1966)** e o outro foi utilizado para o meio optimizado BFCE. A composição química e o preço correspondente de cada constituinte de ambos os meios para avaliar a viabilidade económica estão representados no **Quadro 3**. Ambos os tanques foram inoculados com a mesma concentração de inóculo de *S. platensis* 10% (v/v).

Tabela 3. A composição da BFCE média e optimizada de Zarrouk e o preço correspondente de cada uma para m^3

Componente	Meio de Zarrouk (g/L)	Meio BFCE optimizado (g/L)	BFCE médio g/669,2 ml +330,8 ml BFCE	Zarrouk's (Kg)/m^3	BFCE (Kg)/ m^3	Preço de Zarrouk $	Preço BFCE $
NaNO3	2.5	2.5	1.675	2.5	1.675	1.625	1.08875
K2HPO4	0.5	0.5	0.335	0.5	0.335	0.7	0.469
K2SO4	1	1	0.67	1	0.67	0.55	0.3685
NaCl	1	1	0.67	1	0.67	0.07	0.0469
MgSO4^7H2 O	0.2	0.2	0.134	0.2	0.134	0.018	0.01206
CaCk^O	0.04	0.04	0.0268	0.04	0.0268	0.0068	0.00455
FeSO/711.0	0.01	0.01	0.0067	0.01	0.0067	0.001	0.00067
EDTA	0.08	0.08	0.0536	0.08	0.0536	0.12	0.0804
NallCO;	16.8	0.678	0.4543	16.8	0.45426	5.88	0.15899

3.1.6.1 Parâmetros ambientais

Em ambos os tanques, o pH, a temperatura e a intensidade da luz solar foram medidos utilizando um medidor digital de pH, um termómetro e um medidor Lux, respetivamente.

3.1.6.2 Parâmetros de crescimento

O crescimento da *S. platensis* foi avaliado a intervalos de dois dias, medindo a densidade ótica a 680 nm com um espetrofotómetro. A eficiência fotossintética (Fv/Fm) foi avaliada através da medição da fluorescência em células aclimatadas ao escuro, utilizando um fluorómetro PAM (AquaPen 101 C), e as medições do peso seco foram efectuadas retirando 600 ml de cada tanque, centrifugados a 4000 rpm durante 10 minutos e subsequentemente liofilizados num liofilizador para estimar o peso da biomassa seca (g/L). Além disso, o desempenho do crescimento de *S. platensis* foi medido pelas seguintes equações **(Wood *et al.*, 2005)**:

-Taxa de crescimento específico = (ln (N_f/ N_i)/ t_f - t_i

-Tempo de duplicação = ln (2) / taxa de crescimento específico

-Divisão/dia = taxa de crescimento específico/ln (2)

Em que N_f e N_i correspondem à densidade celular final e inicial, respetivamente, relacionadas com o seu tempo específico final (t_f) e inicial (t_i) em dias.

3.1.6.3 Colheita da biomassa de *S. platensis*

Após o período de cultivo, a biomassa de *S. platensis* foi colhida por filtração através de um filtro de tela de nylon de 50цт, liofilizada em liofilizador e, posteriormente, determinado o teor de proteínas de acordo com **Lowry (1951)**, o teor de clorofila-a de acordo com as equações de **Jeffrey e Humphrey (1975)** e o teor de ficocianina de acordo com o método descrito por **Bennett e Bogorad (1973)**.

3.1.6.4 Perfil de aminoácidos da biomassa resultante

O teor de aminoácidos de *S. platensis* cultivada em SZM e em meio optimizado foi determinado no Regional Center for Food & Feed (RCFF), Egito, utilizando o método AOAC n.º 994.12E **(AOAC, 2010)** com um analisador de aminoácidos de alto desempenho (Biochrom 30 plus series of Amino Acid Analyzer System (Biochrom, Cambridge, UK).

3.2 Parte II

3.2.1 Isolamento da cianobactéria e condições de cultura

Foi isolada uma cianobactéria de uma amostra de água recolhida do rio Nilo na cidade de Minya (Egito). O isolamento e a purificação do isolado de cianobactérias foram efectuados em meio BG11 e a composição do meio é apresentada no Quadro 4. **Tabela 4** O isolado foi examinado periodicamente utilizando microscópios de luz para garantir a pureza da biomassa cultivada. Os filamentos purificados foram transferidos para um frasco estéril de 500 mL contendo meio BG11. As culturas foram cultivadas a 26 ± 2 °C, 50 |imol/s/m^2 iluminações, 16:8 horas de luz: ciclo escuro sob aeração constante (O ar bombeado foi esterilizado primeiro passando por filtros de ar bacterianos de 0,22ц de diâmetro de poro. Esta cultura foi mantida durante 7-10 dias.

Tabela 4. Composição do meio BG11

Nutriente	Reagente	Concentração (g/L)	Quantidades adicionadas por L de meio
Stock 1 (1L)	Na2 EDTA	0.1	10ml
	Citrato férrico de amónio	0.6	
	Ácido cítrico. IH2O	0.6	
	CaCl2.2H2O	3.6	
Stock 2 (1L)	MgSO4. 2 H2O	7.5	10ml
Stock 3 (1L)	K2HPO4	3.05	10ml
Stock 4 (1L)	H3BO3	2.86	1ml

	$MnCl_2.4H_2O$ $ZnSO_4.7H_2O$ $CuSO_4.5H_2O$ Na_2MoO_4 2 H_2O $CoCl_2.6H_2O$	1.81 0.222 0.222 0.391 0.050	
Sólido	$NaNO_3$	-	1,5 g/L
Sólido	Na_2CO_3	-	0,02 g/L

3.2.2 Identificação morfológica e molecular

A identificação da estirpe de cianobactérias axénicas foi efectuada com base nas suas caraterísticas morfológicas utilizando um microscópio de luz, para além da identificação molecular utilizando a sequenciação do gene 16s rRNA. A extração de ADN foi efectuada de acordo com **Cheng e Jiang (2006)**. Um fragmento do gene 16S rRNA de cianobactérias foi amplificado utilizando os primers universais 27F (5'- AGAGTTTGATCCTGGCTAG -3') e 1492R (5'- GGTTACCTTGTTACGACTT - 3'). A amplificação foi efectuada utilizando PCR de ciclo térmico. As condições de termociclagem implicaram um ciclo inicial de desnaturação durante 5 minutos a 94°C, seguido de 40 ciclos. Cada ciclo consistiu num passo de desnaturação a 94°C durante 30 segundos, um passo de recozimento a 45°C durante 30 segundos e um passo de alongamento a 72°C durante 1 minuto. O segmento de extensão do iniciador foi prolongado para 7 minutos a 72°C no ciclo final. Os produtos amplificados para todas as PCR foram purificados utilizando a coluna de spin EZ-10 para purificação de produtos PCR. A sequenciação do produto da PCR foi efectuada num sequenciador automático de ADN ABI PRISM 3730XL Analyzer pelo método de sequenciação de Sanger com a ajuda de Big Dye TM Terminator Cycle Sequencing Kits. A semelhança das sequências foi analisada utilizando uma pesquisa BLAST após alinhamentos múltiplos com sequências de espécies estreitamente relacionadas. A sequência gerada foi depositada no Gene Bank. A árvore filogenética foi construída usando o método de máxima verossimilhança usando MEGA X **(Kumar *et al.*, 2018)**.

3.2.3 Experiência de cultura em lote

As culturas suplementadas com BFCE foram preparadas através da adição de diferentes volumes de extrato de bolo de filtro de beterraba (BFCE) ao meio BG11, enquanto o BG11 serviu apenas como tratamento de controlo. Os constituintes do BG11 foram eliminados gradualmente e substituídos por um volume percentual crescente de BFCE (BG11, 25%, 50%, 75% e 100% BFCE). A experiência foi realizada numa réplica para cada tratamento. Todos os tratamentos foram efectuados com um volume total de 400 ml num Erlenmeyer de 500 ml, depois inoculado com 10% (v/v) de cultura em crescimento exponencial (O.D = 0,8 a 680 nm). Simultaneamente, a temperatura de incubação foi de 26 ± 2 °C, 50 ^mol/s/m^2 iluminações, 16:8 horas de luz: ciclo escuro, e borbulhamento contínuo com fluxo de ar esterilizado durante sete dias.

3.2.4 Métodos analíticos

Os parâmetros de crescimento, o teor de clorofila-a e a composição bioquímica foram efectuados segundo os mesmos métodos descritos anteriormente na parte I.

3.2.4.1 Determinação do teor de ficocianina

A ficocianina foi extraída do isolado de cianobactérias utilizando tampão fosfato 0,1M (PH=7,2), seguido de dois ciclos de congelação-descongelação e homogeneização. O extrato bruto de ficocianina foi obtido por centrifugação a 4000 rpm durante 10 minutos. A absorvância do sobrenadante foi determinada nos comprimentos de onda de 620 e 650 nm, utilizando o tampão fosfato como branco. A concentração de ficocianina (W/V) foi calculada utilizando a equação de Bennett e Bogorad.

PC (mg/ml) = A_{620} - (0,474 *A_{650})/ 5,34

O rendimento de ficocianina foi determinado de acordo com a equação de **Silveira *et al.* (2007)**.

PC (mg/g) = PC (mg/ml) SV / DW (g)

Em que SV é o volume de solvente e DW é a biomassa seca (g).

3.2.5 Biossíntese de nanopartículas de selénio por extrato bruto de ficocianina

Biossíntese de nanopartículas de selénio utilizando o extrato bruto de ficocianina de um isolado de cianobactérias cultivado em meio suplementado com BG11 e 75% BFCE. As nanopartículas de selénio foram sintetizadas adicionando cuidadosamente 0,0526 g de pó de Na2SeO3 pentahidratado a 100 ml de extrato de ficocianina para obter uma concentração final de 2 mM. A mistura de reação foi ajustada para obter o melhor rendimento a 30 °C, pH=7,2, sob agitação a 120 rpm em condições de obscuridade para evitar a foto-oxidação até ocorrer a mudança de cor. A solução de selenito de sódio (2 mM) sem extrato de ficocianina foi também mantida em condições idênticas como controlo.

3.2.5.1 Purificação das nanopartículas de selénio

As Se-NPs sintetizadas foram depois recolhidas por centrifugação a 12.000 rpm durante 20 minutos. O pellet de Se-NPs obtido foi lavado três vezes com água bidestilada e acetona para remover os sais não reduzidos e os agentes de cobertura não utilizados. Em seguida, as Se-NPs lavadas foram colocadas de cabeça para baixo numa toalha de papel esterilizada para remover qualquer água extra no interior do tubo. Finalmente, as nanopartículas foram secas durante a noite à temperatura ambiente para obter Se-NPs purificadas para posterior caraterização.

3.2.6 Caracterização das nanopartículas de selénio biogénico

3.2.6.1 Espectroscopia UV-VIS

Após a conclusão da reação, 2 ml de Se-NPs biogénicas foram centrifugadas a 12 000 rpm durante 20 minutos, o sobrenadante foi removido e, em seguida, o sedimento foi ressuspendido com água desionizada para avaliar o pico de absorção por espetrofotómetro UV-Vis na gama de comprimentos de onda de 190,00 nm a 1100,0 nm com uma resolução de 1 nm.

3.2.6.2 Microscopia eletrónica de transmissão

Microscopia eletrônica de transmissão (**JEOLJEM-2100, EUA**) usando uma grade revestida de carbono (Tipo G 200, 3,05ɥ de diâmetro, TAAP, EUA) de acordo com o método de **(Wang, 2000)** que analisou o tamanho e a morfologia de Se-NPs sintetizados biologicamente **(Afzal *et al.*, 2021)**

3.2.6.3 Difração de raios X (XRD)

A difração de raios X (**XRD, Bruker co., D8 Discover, Alemanha**) utilizando radiação Cu Ka (1,54A) com o gerador de raios X a funcionar a 40kV e 40mA para determinar a natureza cristalina das nanopartículas de selénio **(Langford, 1975)**.

3.2.6.4 Dispersão dinâmica da luz (D LS) e potencial Zeta.

O potencial zeta, o tamanho das Se-NPs biossintetizadas e o seu índice de polidispersão (PDI) foram determinados colocando 2 ml das amostras numa cuvete de plástico transparente de quatro lados num analisador de potencial zeta Malvern e num medidor de partículas Nano-ZS (**Malvern Zeta size Nano-ZS90, EUA**). O potencial zeta é um parâmetro eficaz para avaliar a estabilidade e a carga superficial das nanopartículas sintetizadas. A magnitude do potencial zeta indica o grau de repulsão entre partículas adjacentes com carga semelhante numa suspensão líquida e é medida em mV; quanto maiores forem os valores do potencial zeta (Negativo ou Positivo), maior será a força de repulsão entre as partículas, o que indica a sua estabilidade, enquanto o potencial zeta de valor baixo indica que a força de atração aumentou em relação à força de repulsão, o que leva à agregação das partículas e diminui a estabilidade das nanopartículas sintetizadas **(Hanaor *et al.*, 2012)**.

O valor do índice de polidispersão (PDI) refere-se à homogeneidade da distribuição do tamanho. Normalmente, o valor do PDI varia entre 0 e 1. Se o valor do PDI se aproximar de zero, as partículas são monodispersas, enquanto o valor é próximo de um, e as partículas são polidispersas, tendo uma vasta gama de tamanhos e tendendo a agregar-se.

3.2.6.5 Análise por espetroscopia de infravermelhos com transformada de Fourier (FTIR).

O Infravermelho com Transformada de Fourier (FTIR) (**BRUKER ALPHA II, Alemanha**) foi realizado para determinar os grupos funcionais responsáveis pela biossíntese e estabilização das nanopartículas de selénio. A gama espetral situou-se entre 400 e 4000 cm^{-1} e uma resolução espetral de $2cm^{-1}$

3.2.7 Aplicação de nanopartículas de selénio biossintetizadas

3.2.7.1 Atividade antibacteriana das Se-NPs

A atividade antibacteriana das Se-NPs contra *Staphylococcus aureus*, *Staphylococcus Epidermidis*, *Staphylococcus pneumoniae, Klebsiella pneumoniae* e *Pseudomonas aeruginosa* foi determinada pelo método de difusão em disco da seguinte forma: Discos estéreis de 6 mm de diâmetro, preparados comercialmente, foram infundidos com 100 Щ de Se-NPs preparadas, secos e depositados assepticamente em placas inoculadas com 1 ml de bactérias testadas, o cloranfenicol 30 Lig/ml foi utilizado como controlo positivo. Após incubação a 37 °C durante 24 horas, a zona de inibição foi determinada em mm com uma régua.

3.2.7.2 Atividade antioxidante das Se-NPs biossintetizadas utilizando a eliminação do radical DPPH

As Se-NPs sintetizadas foram avaliadas quanto à sua atividade antioxidante utilizando a eliminação do radical DPPH. Este método depende da descoloração do DPPH na presença de antioxidantes. O reagente DPPH foi preparado da seguinte forma: 0,004 g de DPPH foi dissolvido em 100 ml de reagente de metanol. Um determinado volume de Se-NPs em várias concentrações (50-350 Lg/ml) e a solução de DPPH foram cuidadosamente misturados e depois incubados no escuro durante 30 minutos. Por fim, foi utilizado um espetrofotómetro UV-visível para estimar a absorvância a 517 nm. Foram utilizados antioxidantes sintéticos, como o Torlox, para comparar os antioxidantes das amostras.

A equação seguinte calcula o grau de atividade de limpeza:

Eliminação de radículas DPPH (%) = $((A_c - A_s)/A_c)^x$ 100.

Em que A_c é a absorvância do controlo e A_s é a absorvância da amostra.

A concentração necessária das amostras de teste para inibir 50% do DPPH (IC_{50}) foi calculada por regressão linear. Quanto mais baixo for o valor IC_{50}, mais potente é a substância na eliminação do DPPH.

3.2.7.3 Atividade anticancerígena das Se-NPs

As Se-NPs sintetizadas foram submetidas a um ensaio de brometo de 3-(4,5-dimetiltiazol-2-il)-2,5-difenil tetrazólio) (MTT) para determinar a atividade inibidora do crescimento celular in vitro contra a linha celular de cancro humano, linha celular de cancro da mama (MCF7), no qual o MTT amarelo (brometo de 3-(4,5-dimetiltiazol-2-il)-2,5-difeniltetrazólio, um tetrazol) é convertido em formazan púrpura nas mitocôndrias das células vivas. Como esta redução ocorre apenas quando as enzimas redutases mitocondriais estão em funcionamento, a conversão está diretamente correlacionada com a quantidade de células viáveis (vivas). A linha celular foi cultivada em meio Minimum Essential Medium (MEM) EARLES (Sigma Aldrich, EUA) suplementado com 10% de soro fetal de vitelo (FCS) (GEPCO, EUA), 100 |ig/ml de penicilina e 10 |ig/ml de estreptomicina. A placa de 96 poços foi semeada com 10^3 células/poço e incubada durante a noite a 37 °C. Em seguida, foram adicionadas diferentes concentrações de Se-NPs e as placas foram reincubadas durante 48 horas. O reagente MTT (25цГ) foi adicionado e incubado por 2 horas, e a cor púrpura do complexo de formazan desenvolvido foi medida a 570nm **(Cory *et al.*, 1991)**. A percentagem de sobrevivência celular foi calculada utilizando a seguinte fórmula:

Viabilidade celular (%) = (A amostra - A branco)/ (A controlo - A branco) *100.

Em que A controlo é a absorvância da reação de controlo, A branco é a absorvância do branco e A amostra é a absorvância na presença da amostra. Cada ensaio foi efectuado em triplicado, tendo sido determinado o valor IC50, que foi expresso pelo número de Se-NPs que reduzem o crescimento de 50% do número inicial de células, normalizando para os controlos negativos (sem fármaco).

3.2.8 Análise estatística

A média e o erro padrão foram calculados a partir das experimentações em triplicado. A ANOVA de uma via foi aplicada para identificar as diferenças significativas entre os tratamentos usando o teste de Duncan a um nível significativo de $p < 0,05$. A otimização do meio de crescimento foi realizada através do método CCD utilizando o software Minitab ©. O CCD, que consiste em variáveis e respostas, foi analisado estatisticamente e submetido à análise de variância (ANOVA) para avaliar "o ajuste do modelo". O valor de R2 (coeficiente de determinação) foi calculado utilizando as equações de regressão.

4 Resultados

4.1 Parte I

4.1.1 Análise BFCE

A análise dos componentes do BFCE é fundamental, uma vez que a deteção de elementos pesados tóxicos ou outros poluentes resultará em produtos de alga *S. platensis* nocivos e não aceites em aplicações alimentares ou de rações. Uma vez que este resíduo é proveniente de um dos resíduos das indústrias alimentares limpas, o resultado da análise dos vários elementos no extrato utilizando espetrometria de massa com plasma indutivamente acoplado (ICP-MS) foi o esperado e a um nível mínimo; além disso, não foram detectados mercúrio, cádmio e cobre. Por outro lado, o Ca^{++} e o Na^{+} estavam a 565ppm e 391ppm, respetivamente, que são valores aceitáveis. Além disso, o amoníaco, o nitrato e o fosfato eram de 2,05 ppm, 4,84 ppm e 50,1 ppm, respetivamente (**Tabela 5**)

Tabela 5. Análise por espetrometria de massa com plasma indutivamente acoplado dos elementos e das concentrações de NH3, NO3 e P no BFCE.

Elemento	**Concentração (PPm)**	**Elemento**	**Concentração (PPm)**
Al	271.9	Fe	22.848
Se	0.258	Ga	0.51
V	0.482	Em	5.766
Bi	0.916	K	34.874
Hg	ND	Li	0.275
Ag	0.749	Mg	55.975
B	0.97	Mn	0.987
Ba	0.285	Ni	2.816
Ca	565.7	Pb	2.3
Cd	ND	Sr	0.879
Co	0.149	Zn	1.414
Cr	13.614	Como	0.194
Cu	ND	Na	391.06
NH3	2.05	NO3	4.84
P	50.1		

4.1.2 Experiência de cultura em lote

4.1.2.1 Atividade fotossintética

Nesta experiência, a atividade fotossintética da *S. platensis* cultivada no meio padrão de Zarrouk (SZM) e no BFCE foi medida todos os dias para avaliar o impacto do BFCE no desempenho da fotossíntese. Nesta experiência, os valores Fv/Fm de todos os tratamentos estavam dentro dos intervalos aceitáveis em comparação com o SZM. No entanto, mostraram uma diminuição para um intervalo inferior a 0,50 em ambos os tratamentos, 75% e 100%, no dia 2nd da experiência, devido ao stress induzido por concentrações elevadas de BFCE no início da experiência. Posteriormente, a alga adaptou-se a esta alteração no teor de nutrientes do meio para os tratamentos a 75% e 100%. No final da experiência, no dia 7th , a atividade mais baixa foi registada no SZM, enquanto 75% e 100% apresentaram os valores mais elevados, como se pode ver na **Figura 4**

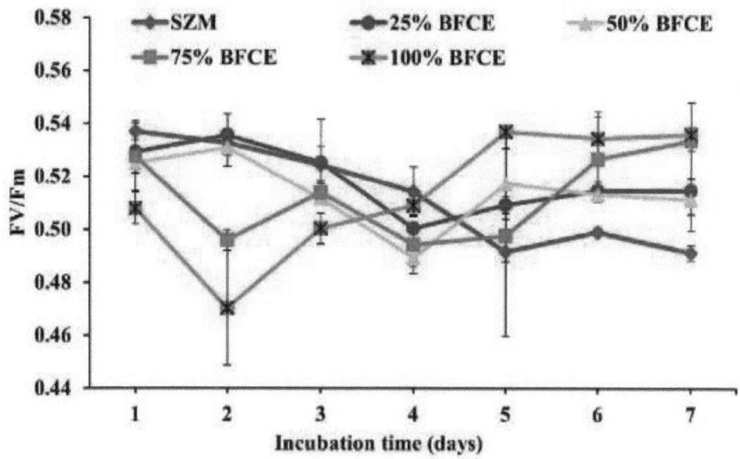

Figura 4. Rendimento quântico ótimo (Fv/Fm) em *S. platensis* ± SE cultivado na SZM e na BFCE
tratamentos.

4.1.2.2 Avaliação do crescimento por densidade ótica

A taxa de crescimento *de S. platensis* aumenta em todas as concentrações até ao quinto dia, mas o crescimento diminui na BFCE a 75% no sexto dia e depois aumenta novamente. Da mesma forma, o crescimento diminuiu na concentração de 100% de BFCE (**Figura 5**). A elevada concentração de BFCE resultou numa menor acumulação de biomassa devido à insuficiência de nutrientes. Além disso, o crescimento do tratamento com 50% de BFCE (0,3 a 1,24) foi mais próximo do SZM (0,2 a 1,53), mas inferior a este, com um declínio súbito pouco claro no dia 6th seguido de uma recuperação do crescimento no dia 7th , o que pode dever-se à densidade de cultura não uniforme que provoca aglomerados de *S. platensis*.

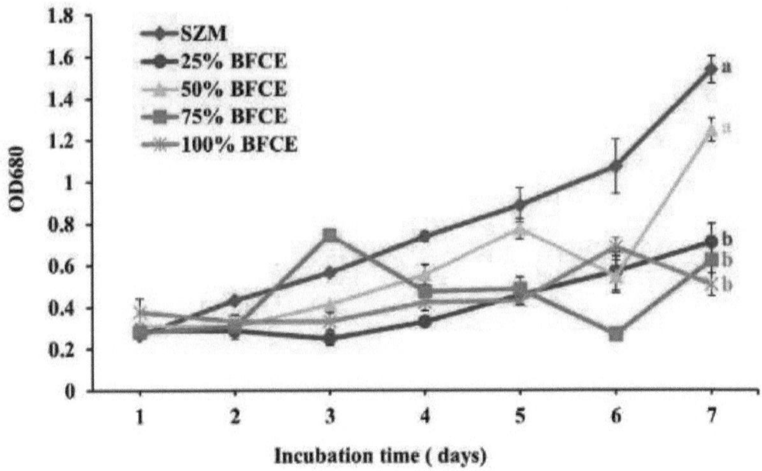

Figura 5. Densidade ótica de *S. platensis* ± SE cultivada nos tratamentos SZM e BFCE.

4.1.2.3 Estimativa da biomassa em peso seco

Como mostrado na **Figura 6**, o maior peso seco determinado de *S. platensis* foi em SZM (0,41 ± 0,04 g/L), seguido por 75% BFCE (0,34 ± 0,03 g/L), enquanto a biomassa seca mínima foi em 50% BFCE (0,25 ± 0,007 g/L). A variação do peso celular seco diminuiu significativamente ($p < 0,05$) nas diferentes concentrações de BFCE, exceto para 75%, que apresentou uma diminuição não significativa em comparação com a SZM.

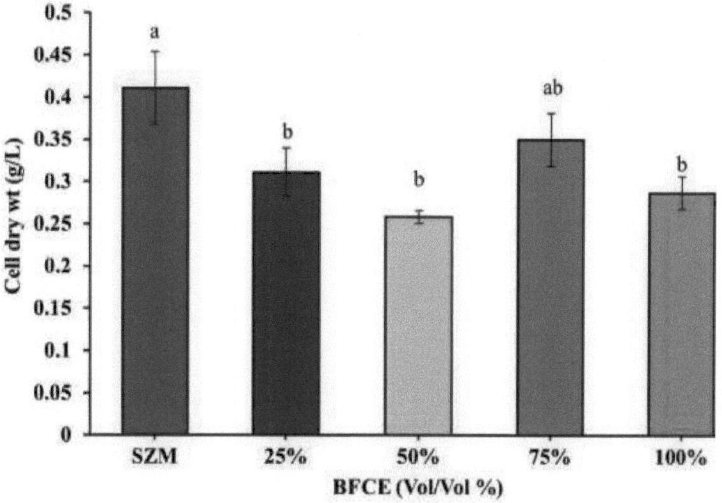

Figura 6. Peso seco de *S. platensis* ± SE cultivado nos tratamentos SZM e BFCE.

4.1.2.4 Determinação da clorofila a, b e dos carotenóides

A concentração de clorofila-a está diretamente relacionada com a concentração de biomassa e o teor de proteínas. A concentração máxima de clorofila-a (19,284 ± 3,6 mg/g) foi obtida no BFCE 50%, seguido pelo SZM (12,0 ± 0,6 mg/g), como mostra a **Figura 7.** Todas as concentrações de pigmentos diminuíram quando a concentração de BFCE foi aumentada para 100%. A adição adicional de BFCE até 50% resultou num aumento significativo do teor de carotenóides (4,5 ± 1,19 mg/g) em comparação com a SZM (2,24 ± 0,18 mg/g), mas outras concentrações mostraram diferenças não significativas em relação à SZM.

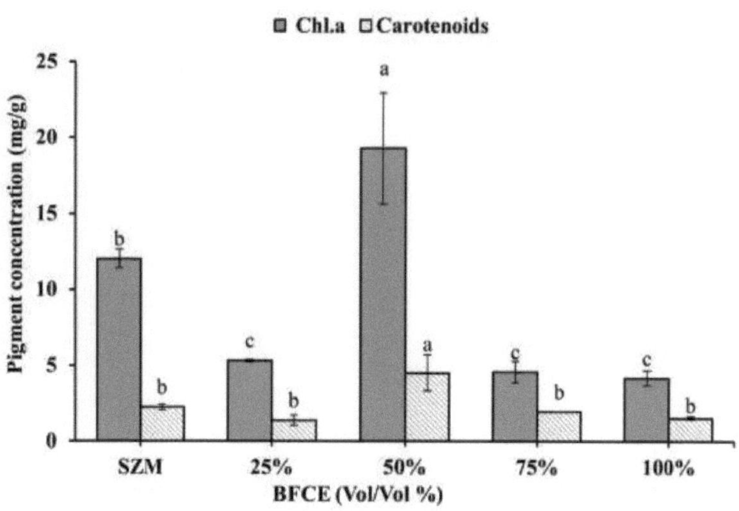

Figura 7. Pigmentos fotossintéticos em *S. platensis* ± SE cultivada na SZM e na BFCE tratamentos.

4.1.2.5 Estimativa das proteínas

A maior concentração de proteína neste estudo foi encontrada em 50,98 ± 8,9% em SZM, seguida por 25% (46,56 ± 1,4%), depois 50% (39,11 ± 0,36%). Em contraste, a 100% da BFCE, a biomassa continha um teor proteico mais baixo, igual a 31,1 ± 2,4% (**Figura 8**).

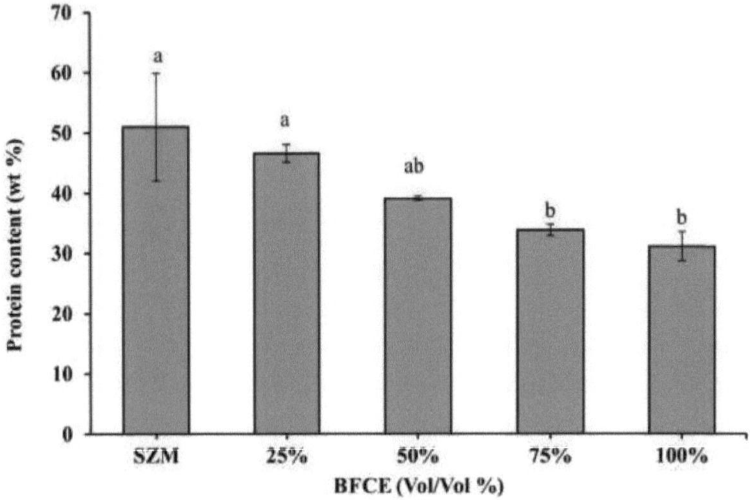

Figura 8. Teor de proteína em *S. platensis* ± SE cultivada nos tratamentos SZM e BFCE.

4.1.2.6 Estimativa dos hidratos de carbono totais

O conteúdo de carboidratos na cultura de *S. platensis*, que foi cultivada neste experimento, mostrou uma tendência geral de aumento, como mostrado na **Figura 9,** todos os tratamentos de 75%, 50%, 25% e 100% BFCE produziram maiores conteúdos de carboidratos (15,07 ± 0,5%, 11 ± 0,5%, 10,9 ± 0,12% e 11,0 ± 0,1%, respetivamente) em comparação com SZM que tinha apenas 7,28 ± 0,54% de carboidratos.

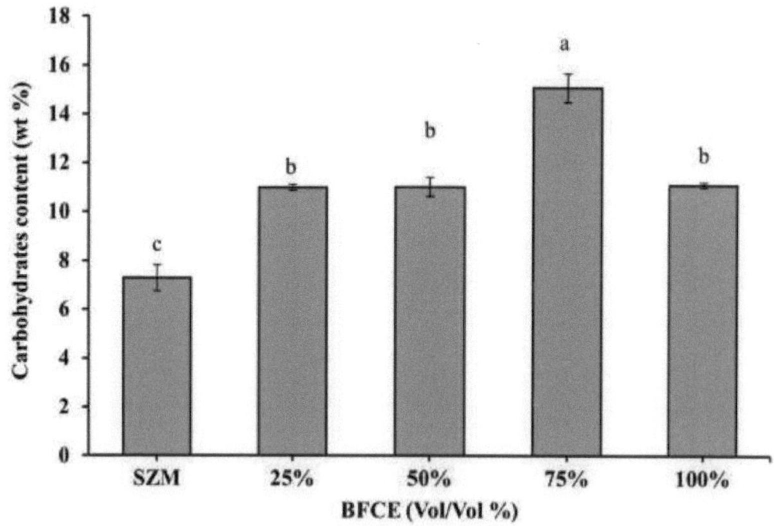

Figura 9. Teor de hidratos de carbono em *S. platensis* ± SE cultivada na SZM e na BFCE tratamentos.

4.1.2.7 Estimativa dos lípidos totais

O conteúdo lipídico representado na **Figura 10** mostrou que o SZM teve o maior valor até 8,14 ± 0,26%, enquanto 25% de BFCE resultou em apenas 6,56 ± 0,07% de lipídios. Na mesma relação inversa entre a BFCE e o teor de lípidos, as concentrações de 50%, 75% e 100% de BFCE produziram 7,62 ± 0,8%, 5,13 ± 0,1% e 4,26 ± 0,18%, respetivamente.

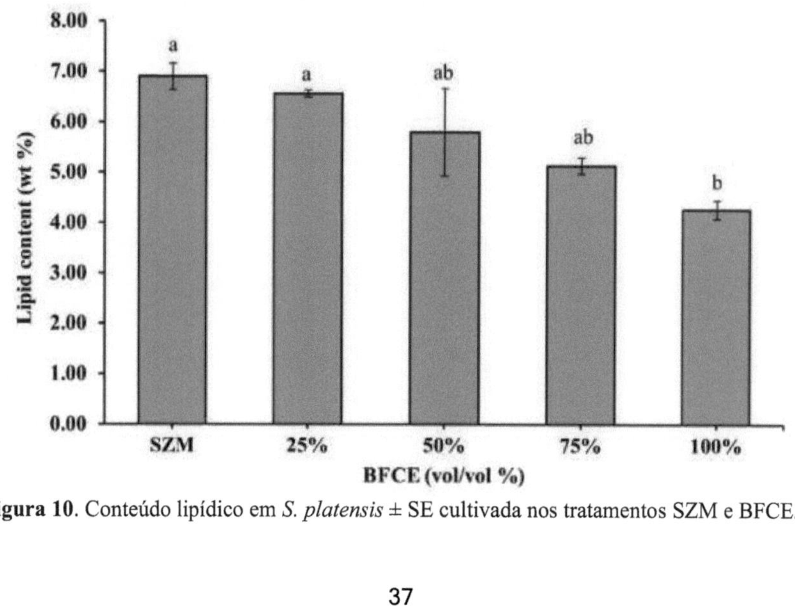

Figura 10. Conteúdo lipídico em *S. platensis* ± SE cultivada nos tratamentos SZM e BFCE.

4.1.3 Experiência de aclimatação incremental de resíduos

4.1.3.1 Atividade fotossintética

No início da experiência, em ambos os tratamentos, o Fv/Fm era de 0,5, tendo depois diminuído para 0,4 durante todos os períodos de cultivo. Para além disso, os valores Fv/Fm de BFCE de 25% a 75% foram consistentes com os valores de SZM, confirmando que *S. platensis* pode adaptar-se para crescer até 75% de BFCE. Por outro lado, diminuiu drasticamente de 0,5 para aproximadamente 0,1 a 100% de BFCE. O aumento do BFCE para 100% revelou stress nestas condições de cultura, causando um declínio na eficiência fotossintética e no potencial de adaptação, conforme ilustrado na Figura **11**.

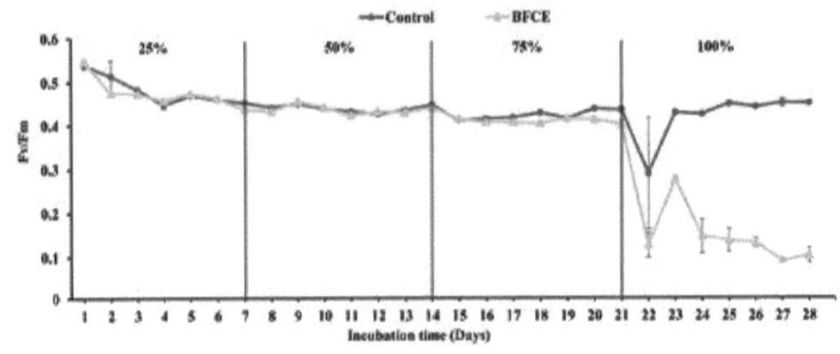

Figura 11. Rendimento quântico ótimo (Fv/Fm) em *S. platensis* ± SE cultivada na SZM e tratamentos BFCE.

4.1.3.2 Avaliação da densidade ótica de crescimento

O comportamento de *S. platensis* em meios suplementados com SZM e BFCE foi quase semelhante (**Figura 12**), indicando que *S. platensis* se tinha adaptado a crescer em concentrações específicas de BFCE até 75%. Por outro lado, registou-se um decréscimo significativo a 100% de BFCE (0,31 ± 0,02), que pode ser atribuído ao efeito de limitação da taxa fotossintética de *S. platensis,* mostrando que a combinação de nutrientes de SZM e BFCE é melhor para a produção de biomassa de *S. platensis* em grande escala do que apenas BFCE, que é limitado nos seus componentes nutricionais.

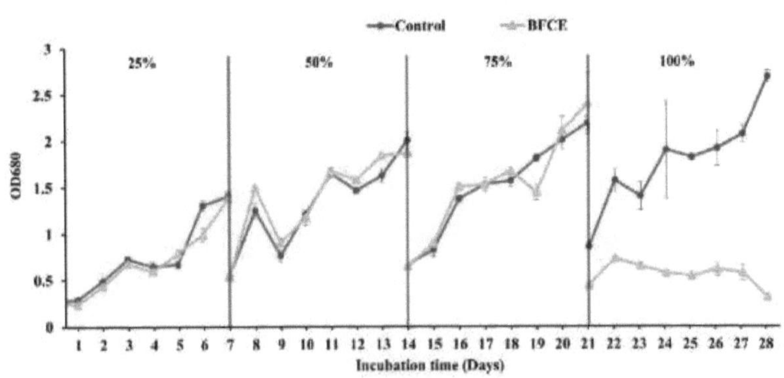

Figura 12. Densidade ótica de *S. platensis* ± SE cultivada na SZM e na BFCE

tratamentos.

4.1.3.3 Estimativa da biomassa em peso seco

Como se mostra na **Figura 13**, o peso seco das células de *S. platensis* aumentou com o aumento gradual de BFCE até 75% (1,122 ± 0,063 g/L) com uma diferença não significativa. Concentrações excessivas de BFCE, até 100%, tiveram um impacto negativo notável no peso seco das células de *S. platensis* (0,49 ± 0,034 g/L), revelando que a tendência de aumento do peso seco de *S. platensis* é semelhante à da densidade ótica, até 75% de BFCE.

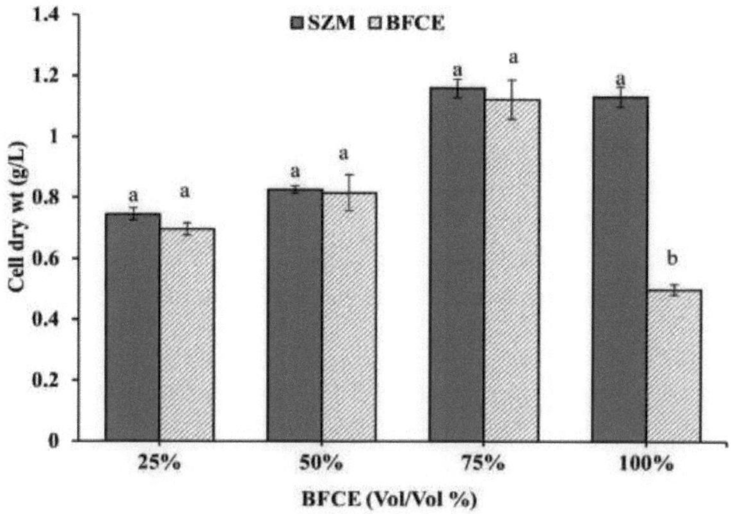

Figura 13. Peso seco de *S. platensis* ± SE cultivado nos tratamentos SZM e BFCE.

4.1.3.4 Determinação da clorofila a, b

A clorofila-a aumentou em *S. platensis* cultivada em SZM durante todo o período da experiência. No entanto, aumentou para (5,6 ± 0,3 mg/g) quando a concentração de BFCE foi aumentada para 50%, mas caiu novamente quando a concentração foi aumentada para 100% (3,5 ± 0,4 mg/g) **(Figura 14)**. Neste modelo, os carotenóides não foram detectados no BFCE, exceto na concentração de 100% de BFCE (0,57 mg/g), enquanto no SZM a concentração aumentou de 0,37 para 1,70 mg/g durante o período de cultivo.

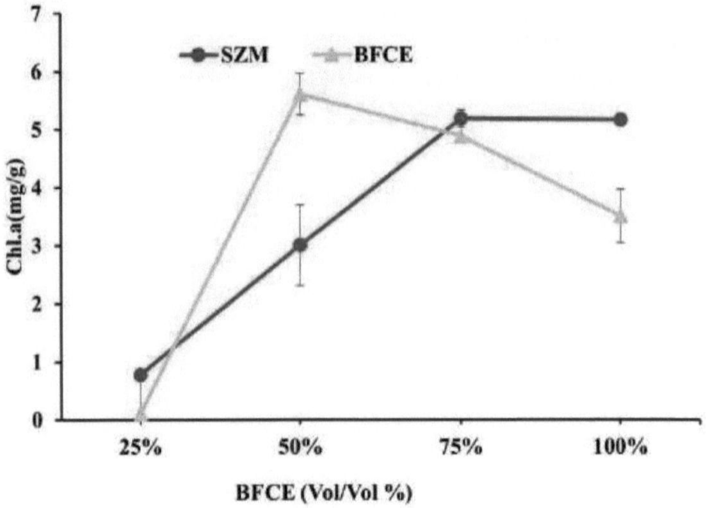

Figura 14. Clorofila-a em *S. platensis* ± SE cultivada na SZM e na BFCE tratamentos.

4.1.3.5 Estimativa das proteínas

De acordo com os dados apresentados na **Figura 15**, o teor de proteína aumentou de 47,18 ± 0,9% para 52,54 ± 1,7% nos tratamentos de 25% a 75% de BFCE com pequena variação em relação ao SZM ($p < 0,05$). No entanto, uma redução considerável no conteúdo de proteína foi observada na concentração de 100% de BFCE. Ao mesmo tempo, o SZM variou de 42,84% de proteína na 1st semana do experimento para 60,66%, que foi o valor máximo de produção de proteína, na 2nd semana.

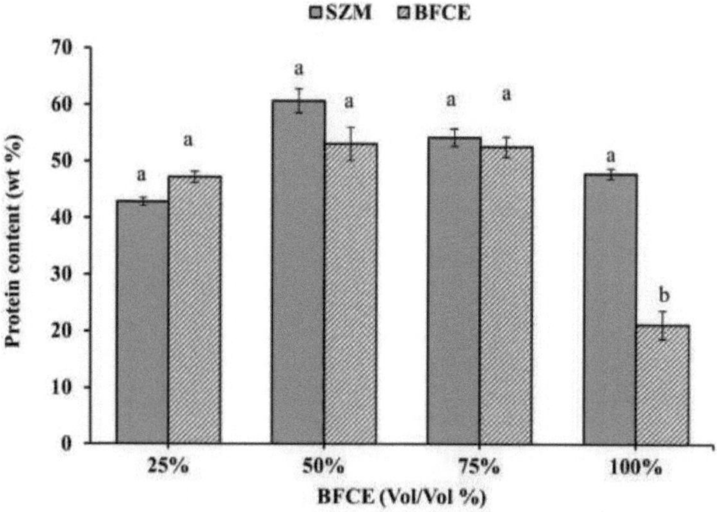

Figura 15. Teor de proteínas em *S. platensis* ± SE cultivado na SZM e na BFCE tratamentos.

4.1.3.6 Determinação dos hidratos de carbono totais

O teor de hidratos de carbono aumentou de 6,65 ± 0,3% para 14,39 ± 0,09% nos tratamentos 25% a 75% BFCE com uma diferença insignificante ($p < 0,05$) em comparação com SZM (**Figura 16**). Além disso, revelou uma redução considerável no teor de carboidratos na concentração de 100% de BFCE igual a 7,58 ± 0,5%, o que pode ser atribuído à redução na taxa de crescimento devido à baixa disponibilidade de nutrientes com o aumento da concentração de BFCE no meio de cultura.

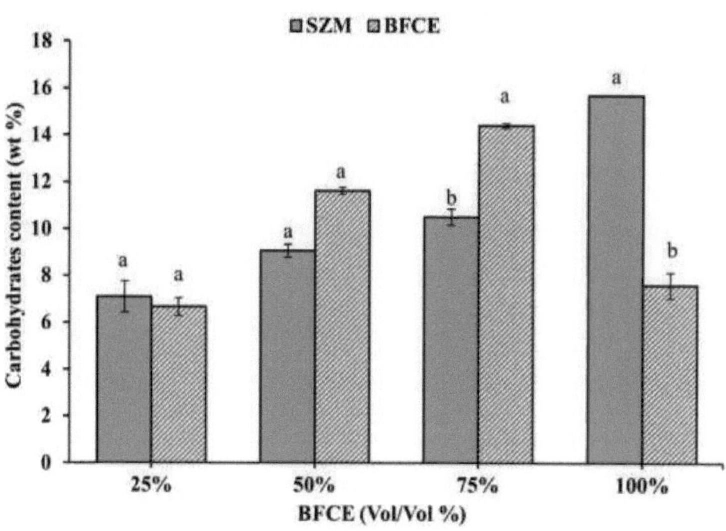

Figura 16. Teor de hidratos de carbono em *S. platensis* ± SE cultivada nos tratamentos SZM e BFCE.

4.1.3.7 Determinação dos lípidos totais

O teor de lípidos aumentou de 4,92 ± 0,07% para 6,55 ± 0,13% nos tratamentos 25% e 75% de BFCE, o que foi quase semelhante ao do SZM (3,85 ± 0,38% para 7,71 ± 0,5%). Em contraste, 100% de BFCE resultou em apenas 2,66 ± 0,4%. O conteúdo lipídico da biomassa não foi significativamente afetado pelas diferentes concentrações de BFCE (Figura 17). A diferença em comparação com a SZM foi insignificante com um valor de p < 0,05, em geral.

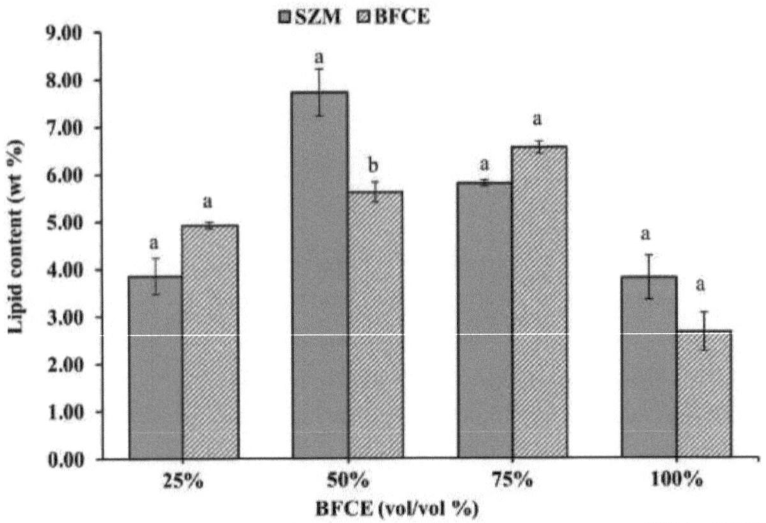

Figura 17. Conteúdo lipídico em *S. platensis* ± SE cultivada nos tratamentos SZM e BFCE.

4.1.4 Otimização dos parâmetros de crescimento utilizando o Central Composite Design (CCD)

O modelo CCD nesta experiência consistiu em 16 pontos factoriais (+1 e -1), 8 pontos axiais (+2 e -2) e 7 pontos centrais (nível zero) para determinar o erro experimental, produzindo um total de 31 execuções. A matriz e as respostas do projeto são apresentadas na **Tabela 6**. A proteína máxima foi de 54,40% e o peso seco da biomassa foi de 0,74 g/L nas corridas 2 e 15, respetivamente. Na corrida número 2, quando o NaHCO3 foi reduzido para 25% do conteúdo inicial (4,2 g/L), o conteúdo proteico e a biomassa seca foram quase os mesmos que os da SZM. No ensaio número 15, quando o NaNO3 foi reduzido para 1,075 g/L, o teor de proteínas diminuiu em comparação com o SZM. Além disso, os parâmetros de crescimento (densidade ótica e atividade fotossintética) de *S.platensis* cultivada sob diferentes concentrações de $NaNO_3$, $NaHCO_3$, BFCE e pH em Central Composite Design foram apresentados no Quadro 7, onde os valores Fv/Fm em todas as séries se situaram em intervalos aceitáveis em comparação com o controlo.

Tabela 6. Matriz e respectivas respostas para a experiência CCD

Correr	Variáveis				Respostas	
	NaNO3 (g/L)	NaHCO3 (g/L)	BFCE (%)	pH	Peso seco da biomassa (g/L)	Proteína (%)
1	1.075	4.2	0.375	8.75	0.37	37.28
2	2.025	4.2	0.375	8.75	0.55	**54.40**
3	1.075	12.6	0.375	8.75	0.52	46.27
4	2.025	12.6	0.375	8.75	0.65	35.18
5	1.075	4.2	0.625	8.75	0.60	34.18
6	2.025	4.2	0.625	8.75	0.59	42.73
7	1.075	12.6	0.625	8.75	0.61	38.33
8	2.025	12.6	0.625	8.75	0.40	54.20
9	1.075	4.2	0.375	10.25	0.48	39.33
10	2.025	4.2	0.375	10.25	0.52	38.31
11	1.075	12.6	0.375	10.25	0.47	50.89
12	2.025	12.6	0.375	10.25	0.58	42.81
13	1.075	4.2	0.625	10.25	0.74	30.72
14	2.025	4.2	0.625	10.25	0.64	42.95
15	1.075	12.6	0.625	10.25	**0.74**	41.79
16	2.025	12.6	0.625	10.25	0.68	41.77
17	0.6	8.4	0.5	9.5	0.61	46.82
18	2.5	8.4	0.5	9.5	0.62	46.16
19	1.55	0.0	0.5	9.5	0.56	31.14
20	1.55	16.8	0.5	9.5	0.74	43.58
21	1.55	8.4	0.25	9.5	0.59	50.42
22	1.55	8.4	0.75	9.5	0.69	44.94
23	1.55	8.4	0.5	8	0.63	44.94
24	1.55	8.4	0.5	11	0.74	35.74
25	1.55	8.4	0.5	9.5	0.58	45.04
26	1.55	8.4	0.5	9.5	0.57	42.34
27	1.55	8.4	0.5	9.5	0.51	44.07
28	1.55	8.4	0.5	9.5	0.55	41.89
29	1.55	8.4	0.5	9.5	0.52	45.32
30	1.55	8.4	0.5	9.5	0.54	47.80
31	1.55	8.4	0.5	9.5	0.54	43.28
Controlo	2.5	16.8	0	9	0.60	**55.11**

Tabela 7. Parâmetros de crescimento (densidade ótica e atividade fotossintética) de *S.platensis* cultivada sob diferentes concentrações de $NaNO_3$, $NaHCO_3$, BFCE e pH em Central Composite Design

Tempo de incubação (dias)

Correr	índice	1	2	3	4	5	6	7	8
1	OD680	0.319	0.28	0.276	0.407	0.47	0.657	0.788	0.871
	Fv/Fm	0.555	0.551	0.543	0.499	0.487	0.502	0.493	0.469
2	OD680	0.287	0.316	0.371	0.456	0.55	0.843	0.919	1.04
	Fv/Fm	0.543	0.555	0.534	0.514	0.524	0.493	0.467	0.447
3	OD680	0.298	0.306	0.388	0.414	0.57	0.685	0.797	0.862

	Fv/Fm	0.511	0.539	0.541	0.527	0.508	0.501	0.475	0.46
4	OD680	0.293	0.353	0.366	0.513	0.596	0.804	1.002	1.124
	Fv/Fm	0.538	0.553	0.563	0.545	0.528	0.479	0.46	0.454
5	OD680	0.338	0.48	0.394	0.535	0.591	0.856	0.924	1.003
	Fv/Fm	0.452	0.476	0.511	0.503	0.492	0.478	0.454	0.444
6	OD680	0.351	0.401	0.412	0.565	0.565	0.788	0.977	0.986
	Fv/Fm	0.456	0.495	0.522	0.505	0.495	0.477	0.451	0.436
7	OD680	0.294	0.385	0.393	0.548	0.641	0.779	0.906	1.043
	Fv/Fm	0.487	0.545	0.537	0.53	0.509	0.498	0.478	0.461
8	OD680	0.288	0.366	0.402	0.544	0.639	0.794	0.945	1.04
	Fv/Fm	0.451	0.47	0.511	0.509	0.517	0.473	0.46	0.444
9	OD680	0.36	0.44	0.318	0.642	0.59	0.616	0.773	0.8
	Fv/Fm	0.418	0.457	0.481	0.499	0.508	0.519	0.52	0.525
10	OD680	0.332	0.424	0.369	0.566	0.664	0.771	0.812	0.95
	Fv/Fm	0.504	0.545	0.535	0.533	0.536	0.521	0.521	0.5
11	OD680	0.31	0.389	0.555	0.582	0.697	0.814	0.978	0.987
	Fv/Fm	0.414	0.448	0.515	0.541	0.529	0.492	0.484	0.488
12	OD680	0.298	0.45	0.455	0.55	0.654	0.791	0.918	0.973
	Fv/Fm	0.445	0.49	0.53	0.554	0.516	0.481	0.469	0.455
13	OD680	0.394	0.5	0.645	0.51	0.773	0.883	1.039	1.168
	Fv/Fm	0.474	0.517	0.52	0.519	0.499	0.502	0.493	0.517
14	OD680	0.407	0.527	0.608	0.542	0.783	0.94	1.008	1.058
	Fv/Fm	0.461	0.512	0.522	0.526	0.493	0.531	0.488	0.477
15	OD680	0.337	0.366	0.54	0.62	0.8	0.973	1.056	0.706
	Fv/Fm	0.454	0.495	0.515	0.525	0.499	0.461	0.467	0.452
16	OD680	0.295	0.385	0.46	0.491	0.693	0.8	0.935	1.073
	Fv/Fm	0.506	0.487	0.532	0.549	0.524	0.475	0.473	0.461
17	OD680	0.333	0.39	0.489	0.442	0.731	0.938	1.062	1.103
	Fv/Fm	0.465	0.549	0.513	0.505	0.498	0.454	0.451	0.424
18	OD680	0.291	0.366	0.432	0.451	0.713	0.873	0.988	1.072
	Fv/Fm	0.477	0.511	0.523	0.524	0.516	0.492	0.475	0.461
19	OD680	0.317	0.36	0.441	0.473	0.633	0.847	0.916	0.73
	Fv/Fm	0.466	0.542	0.577	0.559	0.537	0.497	0.498	0.481
20	OD680	0.294	0.383	0.476	0.602	0.705	0.87	0.957	1.13
	Fv/Fm	0.471	0.495	0.532	0.535	0.512	0.477	0.456	0.442
21	OD680	0.338	0.344	0.479	0.573	0.737	0.902	1.041	1.149
	Fv/Fm	0.444	0.494	0.508	0.511	0.497	0.467	0.462	0.448
22	OD680	0.321	0.349	0.519	0.593	0.79	0.927	1.006	1.202
	Fv/Fm	0.551	0.532	0.524	0.527	0.502	0.43	0.431	0.417
23	OD680	0.26	0.377	0.615	0.619	0.798	0.838	0.999	1.105
	Fv/Fm	0.465	0.507	0.488	0.504	0.497	0.46	0.487	0.419
24	OD680	0.353	0.429	0.553	0.623	0.69	0.87	0.988	1.04
	Fv/Fm	0.476	0.533	0.541	0.544	0.533	0.488	0.468	0.479
25	OD680	0.321	0.293	0.375	0.557	0.685	0.822	0.96	1.091
	Fv/Fm	0.472	0.503	0.511	0.508	0.504	0.484	0.456	0.443
26	OD680	0.329	0.383	0.467	0.58	0.659	0.883	0.974	1.126
	Fv/Fm	0.504	0.515	0.514	0.512	0.502	0.457	0.479	0.441
27	OD680	0.309	0.276	0.484	0.615	0.69	0.762	0.876	1.141
	Fv/Fm	0.557	0.566	0.544	0.521	0.506	0.485	0.464	0.452
28	OD680	0.32	0.285	0.463	0.526	0.67	0.861	0.906	1.102
	Fv/Fm	0.537	0.545	0.53	0.524	0.509	0.465	0.466	0.445
29	OD680	0.326	0.336	0.408	0.698	0.67	0.842	0.956	1.125
	Fv/Fm	0.556	0.562	0.526	0.533	0.5	0.465	0.453	0.454
30	OD680	0.33	0.387	0.53	0.687	0.81	0.907	0.998	1.13
	Fv/Fm	0.479	0.537	0.515	0.532	0.495	0.452	0.482	0.445
31	OD680	0.29	0.403	0.554	0.432	0.632	0.74	0.765	0.954
	Fv/Fm	0.525	0.528	0.506	0.535	0.508	0.483	0.469	0.456
Controlo	OD680	0.220	0.306	0.500	0.688	0.729	0.802	0.917	**1.320**
	Fv/Fm	0.433	0.46	0.525	0.474	0.488	0.496	0.474	**0.487**

A análise de variância (ANOVA) do efeito principal, do efeito quadrático e da interação entre factores é necessária para garantir a significância e a adequação do modelo. *O valor de p* inferior a 0,05 indicou factores altamente significativos que afectam respostas específicas a um nível de confiança de 95%, como mostra o **Quadro 8**.

Os modelos polinomiais de segunda ordem que prevêem o peso seco da biomassa e o rendimento proteico em função da variável experimental são apresentados nas Eq (1 e 2).

Para o peso seco da biomassa:

Y1=0,543 + 0,0053*A + 0,0217*B + 0,0445*C + 0,0328*D + 0,0051*A2 + 0,0137*B2 + 0,0112*C2 + 0,0229*D2 - 0,0084*AB - 0,0515*AC - 0,0051*AD - 0,0285*BC + 0,0015*BD + 0,0401*CD

Para % de proteínas:

Y2=44,25 + 1,344*A + 2,34*B - 1,198*C - 1,35*D + 0,389*A2 - 1,89*B2 + 0,688*C2 - 1,147*D2 - 2,51*AB + 2,48*AC - 1,71*AD + 1,23*BC + 0,0015*BD - 0,65*CD (2)

A partir da análise ANOVA (**Tabela 8**), o modelo é significativo para a produção de biomassa e concentração de proteínas, com um *valor* de *p* de 0,0074 e 0,0406, respetivamente. Os factores independentes com um valor de p inferior a 0,05 indicam que são termos significativos do modelo. Relativamente à produção de biomassa, o BFCE (C) e o pH (D) afectaram significativamente a produção de biomassa com um *valor* de p de 0,004 e 0,030, respetivamente. A interação de NaNO3 (A) com BFCE (AC) e BFCE com pH (CD) afectou significativamente o rendimento da biomassa com *um valor* de *p* de 0,0061 e 0,030, respetivamente. Relativamente à proteína, o NaHCO3 (B) mostrou um efeito significativo com *um valor* de *p* de 0,025. A interação de NaNO3 e NaHCO3 (AB) e NaNO3 e BFCE (AC) e os termos quadráticos de NaHCO3 (B^2), também afectaram significativamente o rendimento proteico com um *valor* de *p* de 0,047, 0,04 e 0,0203, respetivamente.

Tabela 8. Tabela ANO VA para o modelo quadrático de superfície de resposta para o rendimento de biomassa e a concentração de proteínas.

Variável	Resposta											
	Proteína (%)						Peso seco da biomassa (g/L)					
Fonte	Soma de quadrados	df	Quadrado médio	Valor F	Valor *P*		Soma de quadrados	df	Quadrado médio	Valor F	valor de p	
Modelo	765.07	14	54.65	2.50	0.0406[a]	significativo	0.1675	10	0.1675	3.57	0.0074[a]	significativo
A-$NaNO_3$	43.31	1	43.31	1.98	0.1780		0.0004	1	0.0004	0.088	0.768	
B-NaHCO?	131.70	1	131.70	6.03	0.0258[a]	significativo	0.0113	1	0.0113	2.40	0.136	
C-BFCE	34.46	1	34.46	1.58	0.226		0.04	1	0.04	9.98	0.004[a]	significativo
D-pH	43.74	1	43.74	2.00	0.176		0.0258	1	0.0258	5.40	0.030[a]	significativo
A2	0.0312	1	0.0312	0.001	0.970		0.00073	1	0.0007	0.16	0.69	
B2	144.70	1	144.70	6.63	0.0203	significativ	0.0053	1	0.0053	1.2	0.289	

					a	o						
C2	3.12	1	3.12	0.143	0.710		0.0036	1	0.0036	0.81	0.382	
D2	64.73	1	64.73	2.97	0.104		0.0149	1	0.0149	3.36	0.085	
A*B	101.00	1	101.00	4.63	0.047[a]	significativo	0.0012	1	0.0012	0.26	0.614	
A* C	98.51	1	98.51	4.51	0.049[a]	significativo	0.0441	1	0.0441	9.40	0.0061	significativo
A*D	46.72	1	46.72	2.14	0.162		0.0006	1	0.0006	0.13	0.718	
B * C	24.21	1	24.21	1.11	0.307		0.0121	1	0.0121	2.58	0.123	
B*D	26.42	1	26.42	1.21	0.287		0.0000	1	0.0000	0.005	0.942	
C * D	6.79	1	6.79	0.311	0.584		0.0256	1	0.0256	5.46	0.030 [a]	significativo
Residual	349.15	16	21.82					20				
Falta de ajuste	277.05	10	27.70	2.31	0.1594	Não significativo		14		1.76	0.2500	Não significativo
Erro puro	72.11	6	12.02					6				
Total do núcleo	1114.2	30						30				
R2 = 70.59%			R2 ajustado = 44,85%				R2 = 72.58%		R2 ajustado = 48,58%			

4.1.4.1 Efeito das variáveis do processo

A análise gráfica sob a forma de gráficos de superfície tridimensionais (3-D) foi criada a partir das interações dos factores que afectam o rendimento da biomassa e o teor de proteínas (**Figura 18, Figura 19**). A cor vermelha intensa indica a direção das condições óptimas para a resposta. Relativamente à interação da biomassa entre NaNO3 (A) e NaHCO3 (B), a concentração óptima posterior foi de 4,2-16,8 g/L. Entretanto, em NaNO3 (A) e resíduos (C), a concentração óptima de resíduos foi de 55-75 %. Ao mesmo tempo, o intervalo de NaNO3 foi de 0,6-1,47 g/L em ambas as interações. No entanto, na sua interação com os resíduos ou com o pH, a sua gama óptima foi de 0,6-1,93 g/L, e as gamas óptimas de resíduos e de pH foram de 55-75 % e de 9,2-11, respetivamente. Finalmente, na interação entre NaHCO3 (B) e resíduos, a gama óptima de resíduos foi de 65 - 75 %. Entretanto, no NaHCO3 (B) e pH (D), o pH ótimo foi de 9,8 - 11. Além disso, uma concentração de NaHCO3 de 0 - 16,8 g/L foi a concentração óptima na interação com os resíduos e o pH.

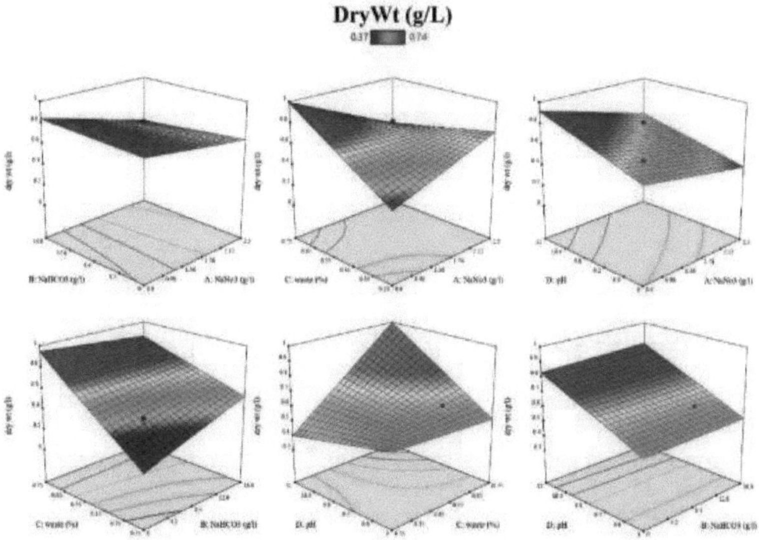

Figura 18. Um gráfico de superfície de resposta tridimensional mostra a interação entre as variáveis testadas para uma biomassa seca óptima.

O efeito interativo das variáveis no teor de proteínas foi revelado pelos gráficos de superfície de resposta (**Figura 19**). Pode observar-se que foi obtido um aumento do teor de proteínas com NaNO3 2,5 g/L e NaHCO3 de 2,1 a 6,3 g/L. A interação entre o NaNO3 e os resíduos mostrou que a gama óptima de NaNO3 e resíduos era de 2,12-2,5 g/L e 35-75 %, produzindo 50-60% de proteínas. Além disso, observou-se uma resposta proteica melhorada na interação entre NaNO3 e pH, com intervalos óptimos de 2,4 - 2,5 g/L e 8 - 8,9, respetivamente.

No que diz respeito à interação entre NaHCO3 e resíduos, as gamas óptimas de NaHCO3 e de resíduos para a produção máxima de proteínas foram 4-12,6 g/L e 60-75 %, respetivamente. Além disso, nas interações entre NaHCO3 e pH, as gamas óptimas de NaHCO3 e pH foram 1,05- 8,4 g/L e 8 - 9,5, respetivamente. Por fim, a resposta proteica foi melhorada pela interação entre resíduos e pH, com intervalos óptimos de 67-75 % e pH 8 - 8,9.

Proteína (%)

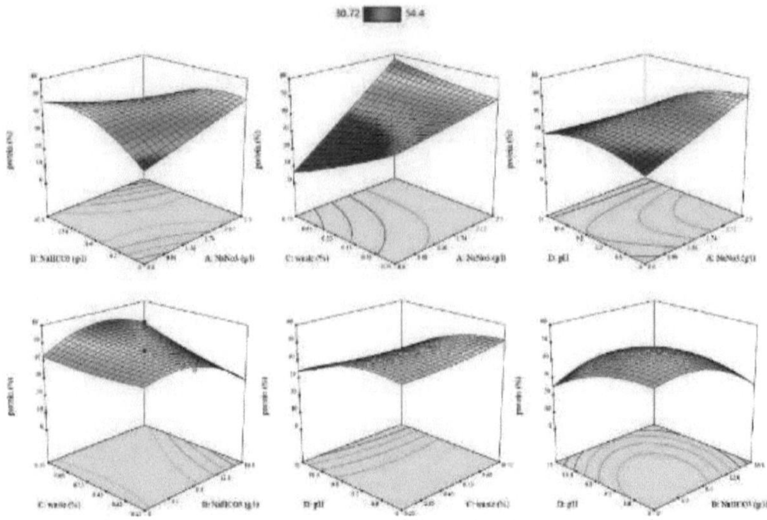

Figura 19 . Gráfico de superfície de resposta tridimensional que mostra a interação entre as variáveis testadas para a produção de um teor ótimo de proteínas.

4.1.4.2 Experiências de confirmação

Durante o processo de otimização, a ferramenta estatística produziu 31 ensaios com várias combinações de todas as variáveis independentes. A combinação prevista de variáveis independentes que apresentou o valor mais desejável foi selecionada como o valor de otimização previsto. O melhor rendimento de biomassa (0,8 g/L) e proteína (54,15%) foi obtido com o seguinte nível de variáveis independentes: NaNO3 (2,5 g/L), NaHCO3 (0,678 g/L), BFCE (33,08%) e pH = 8.

O modelo foi verificado experimentalmente. Os resultados reais foram então comparados com o valor previsto pelos modelos das equações 1 e 2, e os valores obtidos são apresentados na **Tabela 9**.

Tabela 9. Os valores reais e previstos das variáveis de crescimento são utilizados para maximizar cada resposta.

Variáveis				**Valor real**		**Valor previsto**	
NaNO3 (g/L)	NaHCO3 (g/L)	BFCE (%)	pH	Biomassa (g/L)	Proteína (%)	Biomassa (g/L)	Proteína (%)
2.5	0.678	0.3308	8	0.566	52.58	0.8	54.15

4.1.5 Cultivo exterior em grande escala de *S. platensis* em BFCE para produção de proteínas

Com base nos resultados da otimização, foi feito um aumento de escala do laboratório para tanques de pista ao ar livre durante 14 dias para avaliar se *a S. platensis* pode ser cultivada em grande escala em BFCE para a produção de proteínas unicelulares. **A Figura 20** ilustra as fases da produção em grande escala de *S. platensis* em tanques abertos, tanto no meio SZM como no meio BFCE optimizado. O crescimento de *S. platensis* foi avaliado em ambos os meios de crescimento através da medição da densidade ótica e do peso seco das células.

Figura 20. Tanque aberto ao ar livre de *S. platensis* cultivado em meio BFCE optimizado e SZM na Faculdade de Ciências, a) tanque aberto de *S. platensis* cultivado em SZM e meio BFCE optimizado, b) biomassa fresca colhida, c) biomassa seca ao ar e d) biomassa seca ao ar.

Como mostrado na **Figura 21**, a) os valores mínimo e máximo de radiação solar foram 455,86 e 814,46 ɥ mol m-2 s-1. Além disso, este experimento foi realizado de 13 de novembro a 7 de dezembro de 2022, pois a temperatura variou de 19,15 a 21,75 ° C com uma média de 20,18 ° C no SZM, enquanto a temperatura otimizada do BFCE foi de 17,8 a 21,55 ° C com uma média de 19,81 ° C durante o período de cultivo. Os valores iniciais de pH das culturas após a inoculação foram próximos de 9,5, aumentando rapidamente após alguns dias, o que afecta positivamente o progresso do peso seco e os valores mínimos e máximos de pH foram 9,2 e 10,5 no SZM e 9,47 e 11,1 no meio BFCE optimizado, com valores médios de 9,91 e 10,32, respetivamente, durante o período de cultivo, que se encontram na gama de pH ótimo da *Spirulina*. Os valores de Fv/Fm em SZM foram baixos e constantes num período de adaptação, tendo depois ocorrido uma recuperação e os valores passaram a 0,42. Além disso, os valores Fv/Fm do BFCE optimizado aumentaram ligeiramente após o período de adaptação até ao 8.º diath , tendo depois ocorrido uma diminuição súbita dos seus valores. No entanto, verificou-se uma ligeira recuperação no final da experiência. Os valores de densidade ótica da SZM foram superiores aos da BFCE optimizada. Para a SZM, foram necessários dois dias na fase de atraso e o crescimento exponencial foi atingido em 12 dias. Além disso, no BFCE optimizado, os valores de DO aumentaram ligeiramente após 4th dias até atingirem a DO máxima aos 14th dias de cultivo. Além disso, o peso seco de ambos os meios foi quase constante nos primeiros dois dias de cultivo. No entanto, a partir do 4th dia, a biomassa seca aumentou até atingir os valores máximos de 0,47 e 0,57 g/L nos meios SZM e BFCE optimizado no final do período de cultivo.

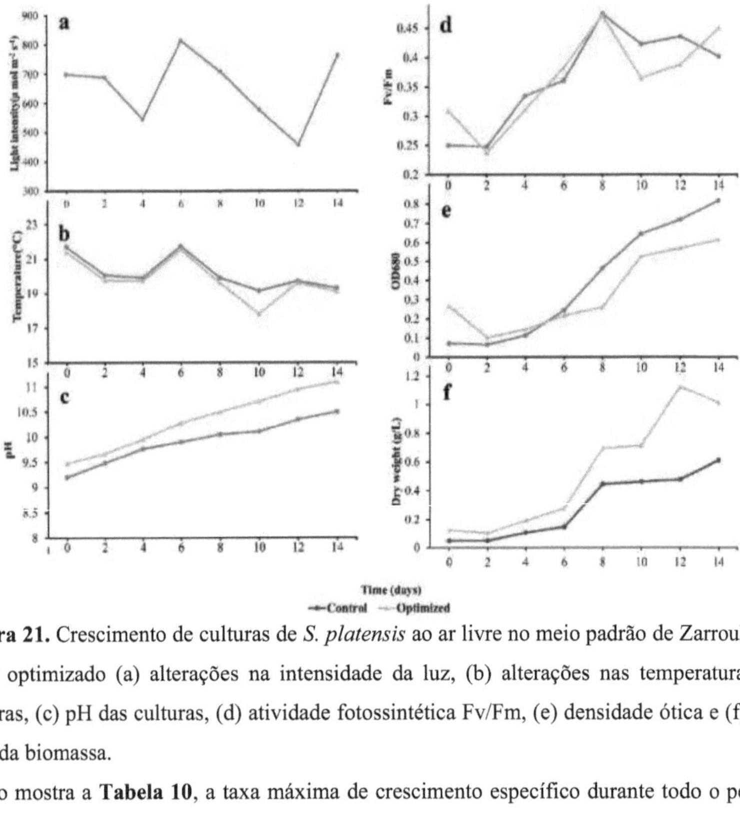

Figura 21. Crescimento de culturas de *S. platensis* ao ar livre no meio padrão de Zarrouk e no meio optimizado (a) alterações na intensidade da luz, (b) alterações nas temperaturas das culturas, (c) pH das culturas, (d) atividade fotossintética Fv/Fm, (e) densidade ótica e (f) peso seco da biomassa.

Como mostra a **Tabela 10**, a taxa máxima de crescimento específico durante todo o período do experimento no SZM foi de 0,39/dia, e o máximo de divisões/dia de 0,563 foi alcançado no dia 6th , tendo o menor tempo de geração de 42,62 horas, e esses valores diminuíram até o final do período de cultivo. No entanto, a taxa de crescimento específico máxima para o mesmo período no BFCE optimizado foi de 0,35/dia, e as divisões máximas/dia de 0,50 no dia 10th tiveram o tempo de geração mais baixo de 47,52 horas (**Tabela 11).**

Tabela 10. Parâmetros de crescimento de *S. platensis* cultivada em meio de Zarrouk

Tempo (dias)	Densidade ótica (controlo)	Taxa de crescimento específica	Divisões por dia	Tempo de geração (dias)	Tempo de produção (horas)	Taxa de crescimento média	N.º de reciclagem
0	0.065						
2	0.071	0.04	0.058	17.241	413.784	0.04	0.116
4	0.112	0.228	0.329	3.04	72.96	0.134	1.316
6	0.2445	0.39	0.563	1.776	42.624	0.22	3.378

8	0.463	0.319	0.46	2.174	52.176	0.244	3.68
10	0.645	0.166	0.239	4.184	100.416	0.229	2.39
12	0.719	0.054	0.078	12.821	307.704	0.2	0.936
14	0.818	0.065	0.094	10.638	255.312	0.18	1.316

Tabela 11. Parâmetros de crescimento de *S. platensis* cultivada em BFCE optimizado

Tempo (dias)	Densidade ótica (BFCE optimizado)	Taxa de crescimento específica	Divisões por dia	Tempo de geração (dias)	Tempo de produção (horas)	Média Taxa de crescimento	N.º de reciclagem
0	0.267	0	0	0	0	0	0
2	0.1025	-0.479	-0.691	-1.447	-34.728	0.224	-1.382
4	0.144	0.17	0.245	4.082	97.968	0.197	0.98
6	0.218	0.207	0.299	3.344	80.256	0.2	1.794
8	0.261	0.09	0.13	7.692	184.608	0.173	1.04
10	0.5255	0.35	0.505	1.98	47.52	0.208	5.051
12	0.57	0.041	0.059	16.949	406.776	0.18	0.708
14	0.614	0.037	0.053	18.868	452.832	0.16	0.742

Além disso, tal como ilustrado na **Figura 22**, o teor de proteínas no BFCE optimizado (52,58 ± 1,31%) foi insignificante em comparação com o meio SZM (55,11 ± 0,7%). Além disso, a diferença do teor de clorofila a foi insignificante entre os dois tratamentos de meios. No entanto, o teor de ficocianina no BFCE optimizado (0,36 ± 0,035mg/ml) foi aproximadamente metade em comparação com o teor de ficocianina no SZM (0,67 ± 0,036 mg/ml).

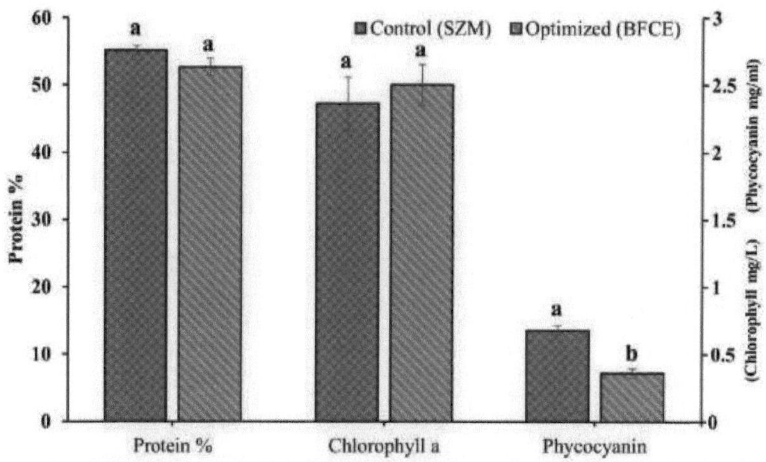

Figura 22. O teor de proteínas e de pigmentos fotossintéticos de *S. platensis* foi cultivado utilizando o meio padrão de Zarrouk (SZM) e o BFCE optimizado.

4.1.5.1 Avaliação económica dos meios de comunicação social

A Tabela 12 ilustra uma análise económica dos meios SZM e BFCE optimizado. O custo dos meios Zarrouk e BFCE optimizado foi calculado com base no modo de cultura em lote, considerando 10^3 L de meio e o custo estimado para produzir 1 kg de biomassa seca. O SZM apresentou uma contribuição para o custo da biomassa de US$ 14,68/kg, enquanto o BFCE optimizado apresentou um custo de US$ 5,59/kg. O custo do meio de Zarrouk apresentou um custo de 10^3 L, cerca de 75,14% superior ao do meio BFCE optimizado. O custo da biomassa produzida a partir do meio BFCE optimizado é 2,6 vezes mais barato do que o do meio Zarrouk.

Tabela 12. Avaliação económica dos meios de cultura utilizados para a produção em grande escala de *S. platensis* (em dólares americanos)

Custo	O meio de Zarrouk	BFCE optimizado	% de redução
103 L médio	8.97	2.22	75.14 %
Custo/Kg de biomassa seca	14.68	5.59	61.92

4.1.5.2 Perfil de aminoácidos de *S. platensis*

Os resultados relativos ao perfil de aminoácidos de *S. platensis* cultivada em SZM e em meio optimizado são apresentados na **Tabela 13**. O resultado do aminoácido essencial na proteína de *S. platensis* exibido foi principalmente a leucina (8,36%) seguida da valina (5,71%), enquanto a percentagem mais baixa foi observada para a histidina (1,62%) no meio optimizado. Do mesmo modo, a leucina (8,16%) e a valina (5,4%) foram os principais aminoácidos essenciais no SZM. Felizmente, o total de aminoácidos essenciais foi mais elevado no meio optimizado (38,73%) do que no meio SZM (36,98%). Os resultados para os aminoácidos não essenciais na proteína de *S. platensis* indicaram que o ácido glutâmico era o principal aminoácido até 14,65% e 14,26% no meio optimizado e SZM, respetivamente. Em contrapartida, a cisteína teve o teor mais baixo (0,31%).

Tabela 13. Os aminoácidos essenciais e não essenciais da proteína de *S. platensis* estão no SZM e no meio optimizado.

Aminoácido essencial	**SZM (%)**	**Optimizado (%)**	**Aminoácido não essencial**	**SZM (%)**	**Optimizado (%)**
Treonina (THR)	4.18	4.99	Glutâmico	14.26	14.65
Valina (VAL)	5.4	5.71	Aspártico (ASP)	9.11	9.5
Isoleucina (ISO)	5.21	5.4	Glicina (GLY)	4.6	4.96
Leucina (LEU)	8.16	8.36	Alanina (ALA)	6.49	6.96
Fenilalanina	4.65	4.93	Tirosina (TYR)	1.67	2.67
Histidina (HIS)	1.78	1.62	Arginina (ARG)	5.93	6.16
Lisina (LYS)	4.48	4.57	Prolina (PRO)	3.54	3.82
Metionina (MET)	3.12	3.15	Cistina (CYS)	0.31	1.67
TEAA	**36.98**	**38.73**	Serina (SER)	3.2	3.87

TEAA= aminoácidos essenciais totais; SZM = meio padrão de Zarrouk

4.2 Parte II

4.2.1 Identificação morfológica e molecular

4.2.2 Experiência de cultura em descontínuo do isolado de cianobactérias

4.2.2.1 Atividade fotossintética

Como se mostra na **Figura 23**, a atividade fotossintética foi reflectida pelo rendimento quântico ótico máximo (Fv/Fm). Inicialmente, os valores de Fv/Fm em ambos os meios BG11 e BFCE foram quase semelhantes, variando de 0,38 ± 0,0005 a 0,41 ± 0,0041. No segundo dia da experiência, os valores Fv/Fm de todos os tratamentos foram reduzidos. Em seguida, ocorreram padrões de adaptação pouco claros devido a um aumento dos valores de Fv/Fm, uma vez que a *Leptolyngbya* sp. levou tempo a adaptar-se ao crescimento no BFCE. Além disso, no dia 7th , os valores de Fv/Fm de todos os tratamentos voltaram a diminuir. Em conclusão, a Fv/Fm foi afetada por uma diferença de 7 % entre todos os tratamentos durante a experiência.

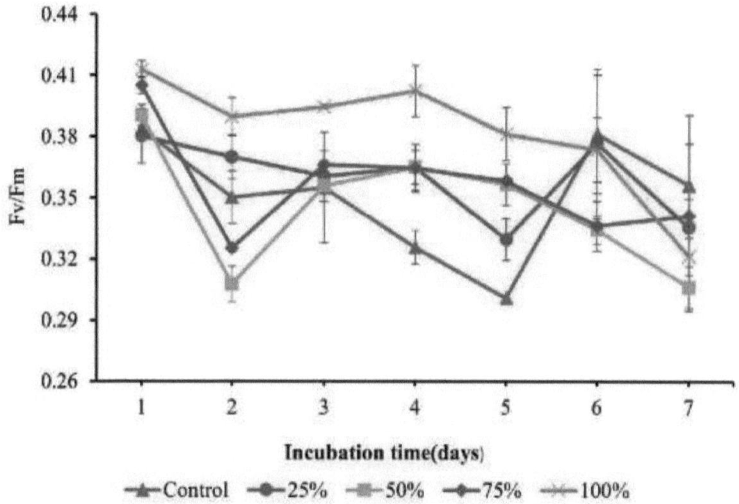

Figura 23. Rendimento quântico ótimo (Fv/Fm) de *Leptolyngbya* sp. ± SE cultivada nos tratamentos BG11 e BFCE.

4.2.2.2 Avaliação do crescimento por densidade ótica

A densidade ótica de *Leptolyngbya* sp. como parâmetro de crescimento indireto indicou um aumento em todos os tratamentos investigados com a mesma tendência. Todos os tratamentos aumentaram no dia 2nd de cultivo, mas ocorreu um decréscimo súbito no dia 3rd e, depois, a partir do dia 5th , o crescimento aumentou até atingir o máximo no final do período de cultivo (**Figura 24**). Além disso, houve uma diferença não significativa entre o crescimento em 100% BFCE (0,21± 0,001 a 1,15 ± 0,25) e o meio BG11 (0,22 ± 0,01 a 1,022 ± 0,07) a $p<0,05$, indicando sua aclimatação ao meio BFCE.

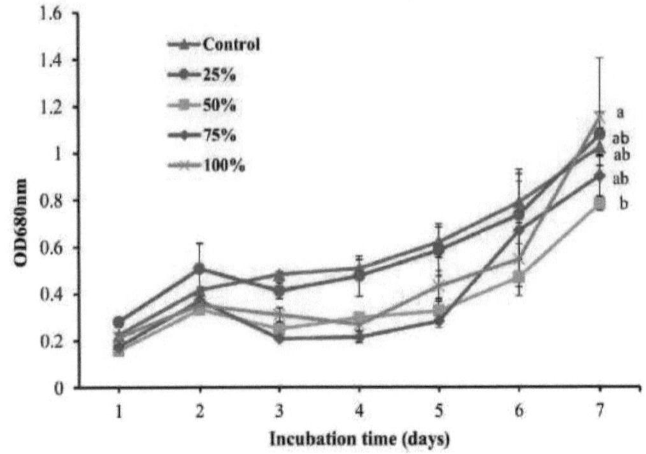

Figura 24. Densidade ótica de *Leptolyngbya* sp. ± SE cultivada nos tratamentos BG11 e BFCE.

4.2.2.3 Estimativa da biomassa em peso seco

Como mostra a **Figura 25**, todos os meios suplementados com BFCE apresentaram biomassa seca consideravelmente mais elevada, variando entre 0,47 ± 0,01 e 0,54 ± 0,04 g/L. O valor mínimo foi observado em BG11 (0,38 ± 0,042 g/L), enquanto a biomassa máxima foi em 100% BFCE (0,54 ± 0,047 g/L), e o peso seco de 100% BFCE aumentou 42% em relação a BG11. No entanto, a variação no peso de células secas no BG11 foi uma diminuição não significativa ($p < 0,05$) em comparação com o

Tratamentos BFCE.

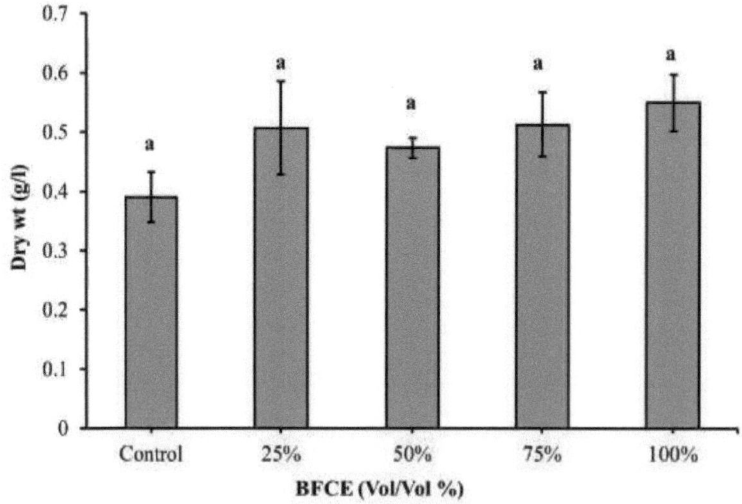

Figura 25. Peso seco de *Leptolyngbya* sp. ± SE cultivada no BG11 e BFCE tratamentos.

4.2.2.4 Estimativa do pigmento fotossintético

4.2.2.4.1 Clorofila a, b e carotenóides

Como ilustrado na **Figura 26**, a concentração máxima de clorofila-a (15,93 ± 0,8 mg/g) foi observada no meio de controlo (BG11), enquanto o valor mínimo (6,85 ± 0,4 mg/g) foi em 75% BFCE. A variação nas concentrações de pigmentos foi significativamente reduzida ($p < 0,05$) em diferentes concentrações de BFCE em comparação com o BG11. Em contraste, as concentrações de clorofila b aumentaram em todas as concentrações de BFCE em comparação com o meio de controlo (BG11). Além disso, o teor de carotenóides diminuiu significativamente ($p < 0,05$) nas concentrações de BFCE em comparação com o meio BG11 como controlo.

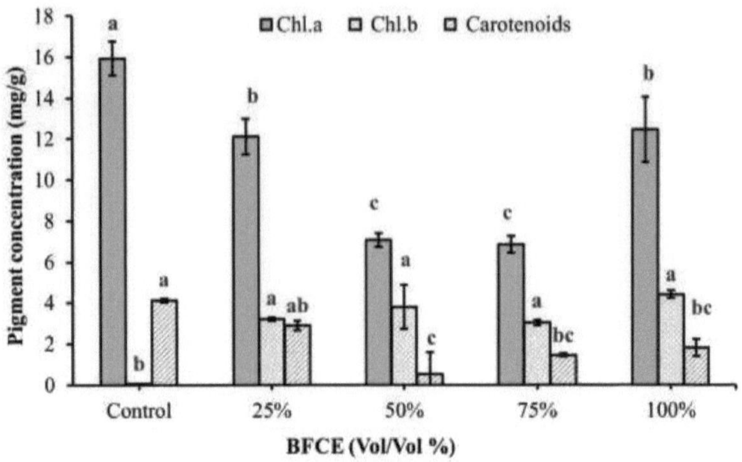

Figura 26. Pigmentos fotossintéticos de *Leptolyngbya* sp. ± SE cultivada nos tratamentos BG11 e BFCE.

4.2.2.4.2 Determinação da ficocianina

De acordo com a **Figura 27**, o teor de ficocianina no meio de controlo foi de 22,8 ± 1,27 mg/g. Além disso, a suplementação com diferentes concentrações de BFCE afectou positivamente o teor de ficocianina até 75% de BFCE (25,29 ± 3,17 mg/g). Por outro lado, a variação do teor de ficocianina entre o controlo e os tratamentos com BFCE foi insignificante ($p < 0,05$)

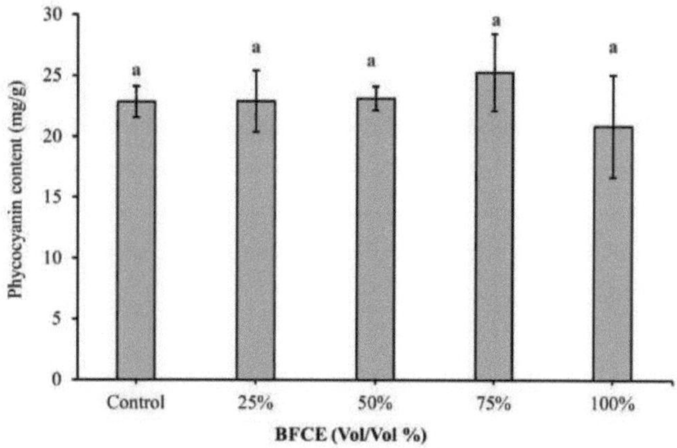

Figura 27. Teor de ficocianina de *Leptolyngbya* sp. ± SE cultivada nos tratamentos BG11 e BFCE.

4.2.2.5 Estimativa da composição bioquímica

4.2.2.5.1 Determinação das proteínas

A suplementação com BFCE ao meio BG11 diminuiu significativamente ($p < 0,05$) o teor de proteínas em comparação com o meio de controlo (apenas BG11) (**Figura 28**). O teor máximo de proteína foi de 47,99 ± 0,05 % no BG11, seguido por 25% (35 ± 0,8 %). Em comparação, o valor mínimo foi observado com 100% de BFCE (30,62 ± 1,3%) e a suplementação completa com BFCE resultou numa diminuição do teor de proteínas em 36,19%.

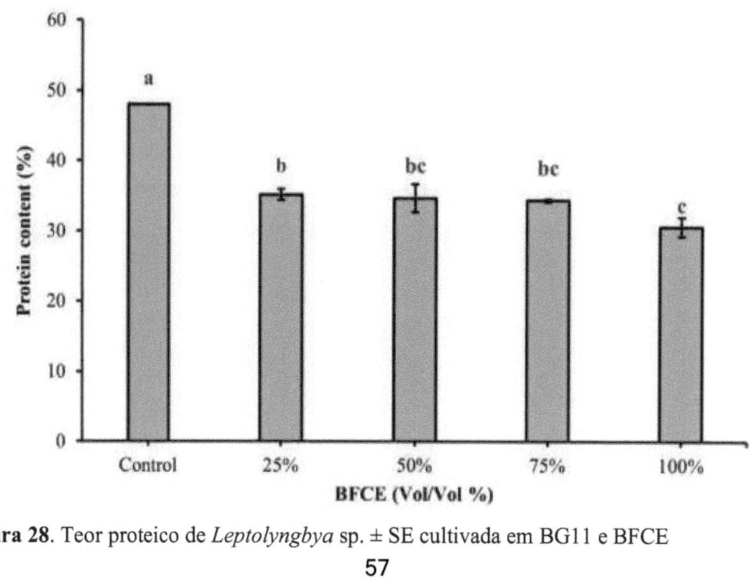

Figura 28. Teor proteico de *Leptolyngbya* sp. ± SE cultivada em BG11 e BFCE

tratamentos.

4.2.2.5.2 Determinação dos hidratos de carbono

O teor máximo de hidratos de carbono foi observado a 25% de BFCE (15,25 ± 0,7%), que aumentou 20,7% em relação ao BG11. Por outro lado, a mistura do meio BFCE com o meio BG11 numa proporção de 1:1 provocou uma diminuição drástica e significativa do teor de hidratos de carbono. Além disso, as concentrações mais elevadas de BFCE conduziram a uma diminuição significativa do teor de hidratos de carbono em comparação com o meio de controlo (**Figura 29**).

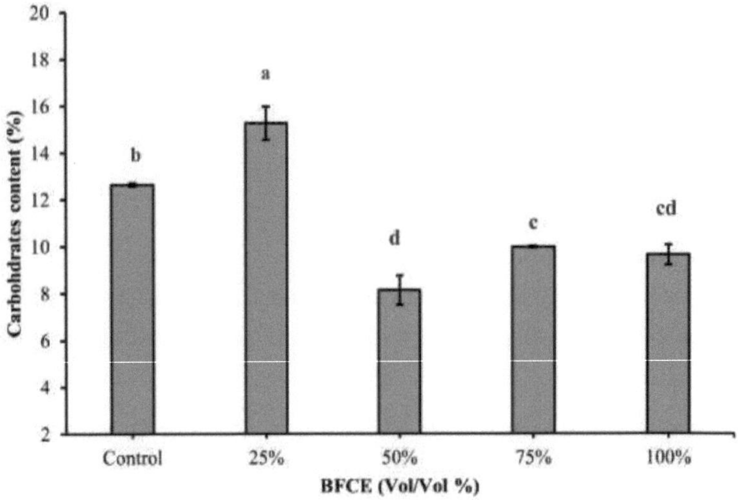

Figura 29. Teor de hidratos de carbono de *Leptolyngbya* sp. ± SE cultivada no BG11 e BFCE tratamentos.

4.2.2.5.3 Estimativa dos lípidos

Como mostrado na **Figura 30**, o conteúdo lipídico máximo foi a 25% de BFCE (10,23 ± 0,5), que foi significativamente aumentado em 33,72% ($p < 0,05$) em comparação com BG11 (7,65 ± 0,1). No entanto, as concentrações mais elevadas de BFCE apresentaram uma diminuição não significativa em comparação com o meio de controlo (BG11).

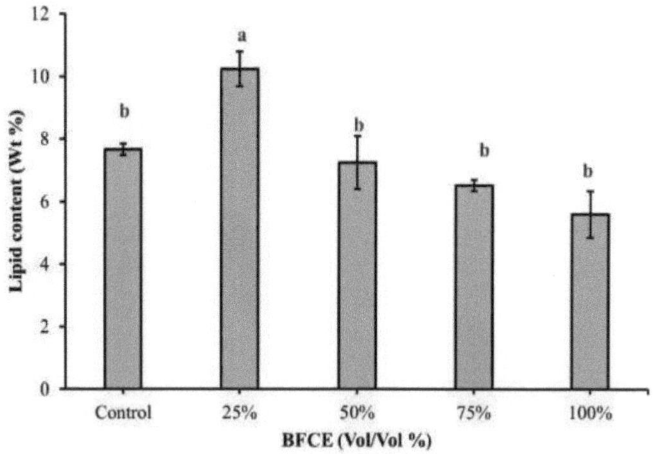

Figura 30. Teor lipídico de *Leptolyngbya* sp. ± SE cultivada em BG11 e BFCE tratamentos.

4.2.3 Biossíntese de nanopartículas de selénio pelo extrato bruto de ficocianina de *Leptolyngbya* sp.

4.2.3.1 Espectrofotómetro UV-Vis

A espetrofotometria UV-Vis foi realizada para as Se-NPs sintetizadas a partir do extrato bruto de ficocianina de ambos os tratamentos, claramente demonstrado na **Figura 31**. Verificou-se que as Se-NPs sintetizadas a partir do controlo (BG11) apresentaram um pico agudo de absorção máxima num comprimento de onda de 528 nm com uma absorvância de cerca de 1,298. Em comparação, as Se-NPs sintetizadas a partir do extrato de ficocianina 75% BFCE apresentaram um pico de absorção máxima a um comprimento de onda de 532 nm com uma absorvância de cerca de 1,301.

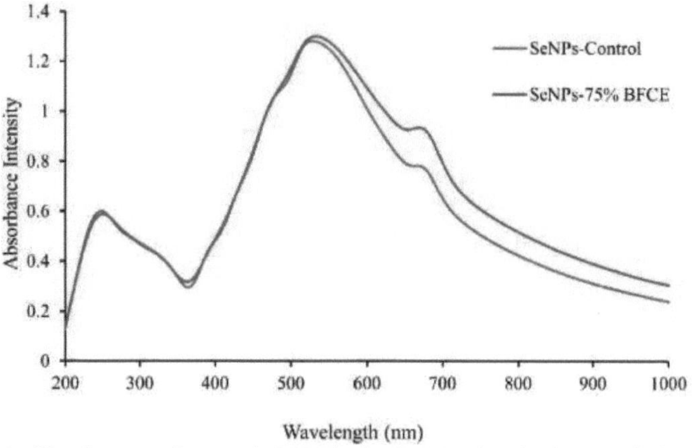

Figura 31. Análise de espetrofotometria UV-Vis das Se-NPs sintetizadas a partir de ambas as

tratamentos" ficocianina Extrato de *Leptolyngbya* sp.

4.2.3.2 Análise ao microscópio eletrónico de transmissão

A partir da investigação TEM, ficou claro que o tamanho das Se-NPs esféricas era de cerca de 44,45 - 209 nm com um tamanho médio de partícula de 95 nm no meio de controlo (**Figura 32a**). Do mesmo modo, o tamanho das Se-NPs do extrato bruto de ficocianina de 75% BFCE variou entre 78 e 116 nm com um tamanho médio de partícula de 96 nm (**Figura 32b**).

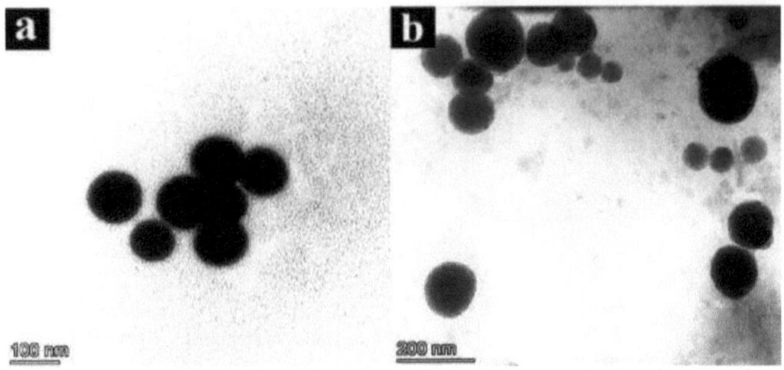

Figura 32. Imagens TEM de Se-NPs formadas por extrato bruto de ficocianina de *Leptolyngbya* sp. a) controlo e b) 75% BFCE.

4.2.3.3 Difração de raios X (XRD)

Um padrão XRD típico de Se-NPs foi mostrado na Figura 33. Foram observados seis picos de difração distintos e intensos a 29 = 23,36°, 29,76°, 41,44°, 43,84°, 45,21° e 51,68°, correspondentes aos planos (100), (101), (110), (012), (111) e (003), que são caraterísticos das nanopartículas de selénio quando comparados com os cristais de selénio padrão disponíveis (JCPDS No. 01-0239). O pico correspondente ao plano (101) foi mais intenso do que os outros, indicando que o plano (101) era a orientação primária.

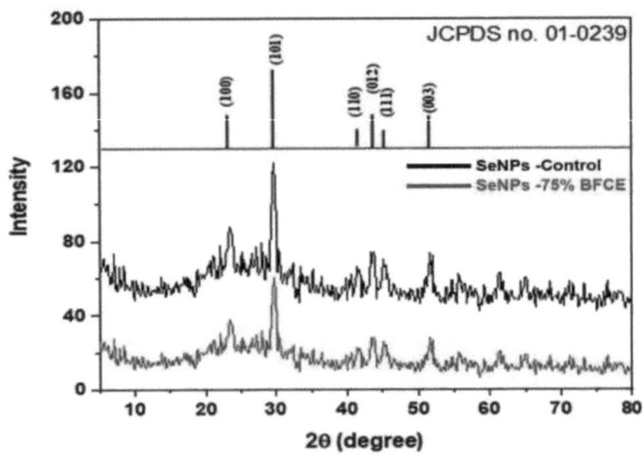

Figura 33. Análise XRD das Se-NPs sintetizadas a partir do extrato bruto de ficocianina de

Leptolyngbya sp. de ambos os tratamentos.

4.2.3.4 Análises do potencial zeta e do índice de polidispersão (PDI)

A estabilidade das Se-NPs foi determinada utilizando a medição do potencial zeta da carga superficial das partículas. Verificou-se que era de -17 mV e -15,03 mV sintetizadas a partir do controlo (BG11) e do tratamento com 75% de BFCE, respetivamente. Esta carga negativa na superfície das nanopartículas de selénio confere-lhe estabilidade e resiste à sua agregação no sistema coloidal. Como se mostra na **Tabela 14**, o tamanho médio das partículas foi de 335,9 nm, com um valor PDI de 0,1 para o tratamento de controlo. Além disso, o tamanho das partículas em 75% BFCE foi de 464 nm com um valor PDI de 0,31, o que difere do tamanho do TEM.

Tabela 14. Parâmetros zeta das Se-NPs biossintetizadas a partir do tratamento com BG11 e BFCE

Parâmetros Zeta	Se-NPs-BG11	Se-NPs- 75%BFCE
Potencial zeta	-17mV	-15,03 mV
Tamanho Zeta	335,9nm	464nm
PDI	0.1	0.3

4.2.3.5 Espectroscopia de infravermelhos com transformada de Fourier (FTIR)

O espetro FTIR das Se-NPs sintetizadas a partir do extrato bruto de ficocianina de *Leptolyngbya* sp. apresenta bandas de absorção a 3315, 2883, 2223, 1643, 1561, 1512, 1473 e 1082 cm^{-1} para as Se-NPs de controlo e bandas aproximadamente semelhantes de 3315, 2885, 2225, 1649, 1575, 1510 e 1074 cm^{-1} no espetro das Se-NPs-75% BFCE (**Figura 34**). O pico largo a 3315 cm^{-1} é atribuído a N-H (aminoácidos). O pico a 2883 pode ser atribuído a bandas de estiramento de CO do anião carboxílico. Além disso, uma banda a 1643 cm^{-1} é atribuída a bandas de estiramento de carbonilo e carboxílico (C-O) de ligações peptídicas e um pico encontrado a 1561 cm^{-1} representa o carboxilo do ácido carboxílico C-O-C.

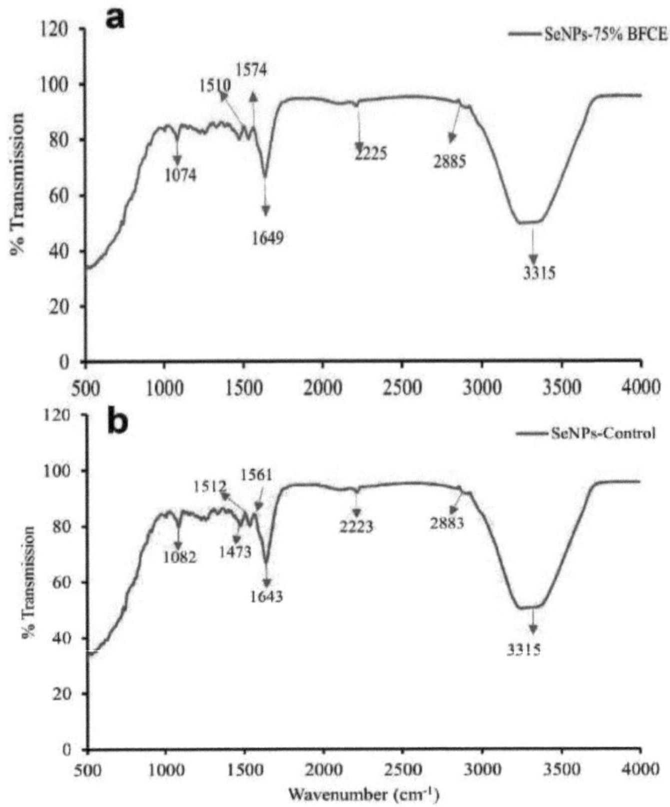

Figura 34. FTIR de Se-NPs biossintetizadas a partir de extrato bruto de ficocianina de a) controlo e b) tratamento com 75% de BFCE

4.2.4 Aplicação de Se-NPs biossintetizadas.

As Se-NPs biossintetizadas pelo extrato bruto de ficocianina de *Leptolyngbya* sp. que foi cultivada em meios BG11 e 75% BFCE, foram testadas quanto às suas atividades biológicas contra bactérias Gram-positivas e Gram-negativas, além da avaliação da atividade antioxidante usando o radical livre DPPH, bem como a citotoxicidade contra a linha de células de câncer de mama.

4.2.4.1 Atividade antibacteriana das Se-NPs.

A atividade antibacteriana das Se-NPs biogénicas do extrato bruto de ficocianina contra três bactérias Gram-positivas, nomeadamente, *Staphylococcus aureus*, *Staphylococcus epidermidis* e *Staphylococcus pneumoniae* e duas bactérias Gram-negativas, nomeadamente, *Pseudomonas aeruginosa* e *Klebsiella pneumonia* foi representada na **Figura 35**. As Se-NPs sintetizadas a partir do extrato bruto de ficocianina de 75% BFCE apresentaram a maior atividade antibacteriana contra todas as bactérias testadas em comparação com as Se-NPs a partir da ficocianina bruta do tratamento de controlo. Além disso, para SeNP-75% BFCE, as zonas de inibição mais alta e mais baixa de 26,69 ± 2,6 mm e 13,8 ± 5 mm foram contra *Staphylococcus pneumoniae* e *Staphylococcus aureus*. Além disso, o controlo de Se-NPs mostrou as zonas de inibição mais altas e mais baixas de 12,74 ± 0,73 mm e 6,455 ± 0,36 mm contra *Staphylococcus pneumoniae* e *Pseudomonas aeruginosa*.

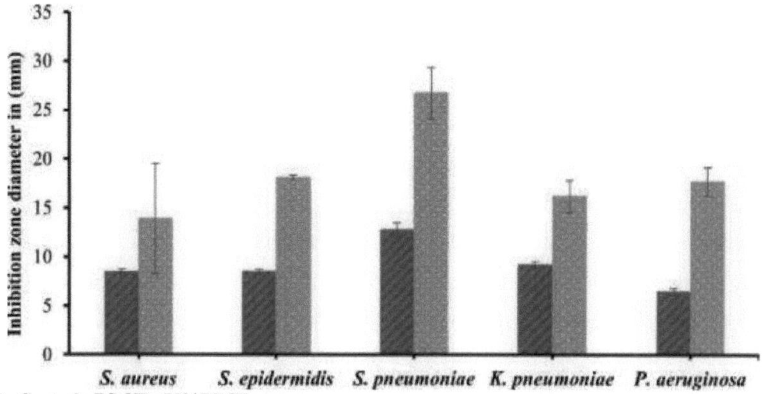

SeNPs-Controlo BSeNPs-75%BFCE

Figura 35. Atividade antibacteriana de Se-NPs biogénicas do extrato bruto de ficocianina de *Leptolyngbya* sp. extraído de BG11 (controlo) e de meios BFCE a 75%.

4.2.4.2 Atividade antioxidante das Se-NPs biossintetizadas.

A atividade antioxidante das Se-NPs biossintetizadas foi determinada espectrofotometricamente, pelo ensaio de 2,2-difenil-1-picrilhidrazil (DPPH), utilizando Torolox como antioxidante padrão. Como mostrado na **Tabela 15**, a percentagem de eliminação do radical DPPH aumentou com a concentração de Se-NPs. Além disso, as Se-NPs-BG11 apresentaram a maior atividade de eliminação do DPPH, variando de 30,13 a 97,02%, em comparação com as Se-NPs- 75% BFCE (18,23 - 95,96%) e Torolox (26,0 - 97,40%) nas mesmas concentrações. Adicionalmente, o valor IC_{50} foi de 60,58 Lig/ml para as Se-NPs-BG11, que foi inferior ao do Torolox, enquanto as Se-NPs-75% BFCE tiveram um valor IC_{50} de 134,8 |ig/ml, superior ao do Torolox. Isto indica que as Se-NPs-BG11 tinham uma atividade antioxidante mais elevada do que as Se-NPs-75%.

Tabela 15. Atividade de eliminação do radical DPPH (%) das Se-NPs biossintetizadas e os valores IC50.

Concentrações de Se-NPs (g/ml)	**Atividade de limpeza das Se-NPs (%)**		
	Se-NPs-BG11	**Se-NPs-75%BFCE**	**Torolox**
50	30.13	18.23	26.0
100	64.87	38.19	58.92
150	76.48	62.47	72.36

200	87.23	78.79	83.49
250	93.09	83.39	91.07
300	95.96	88.38	94.72
350	97.02	95.96	97.40
IC50	60,58 ± 0,7(gg /ml)	134.8 ± 1.5 (pg/ml)	85.72 ± 1 (pg/ml)

4.2.4.3 Atividade anticancerígena utilizando uma linha de células da mama.

A atividade citotóxica das Se-NPs biogénicas contra a linha celular de cancro da mama humano (MCF-7) foi investigada pelo ensaio MTT. Como se mostra na **Figura 36,** a viabilidade celular da linha de células MCF-7 diminuiu em função das concentrações de Se-NPs. Para as Se-NPs do tratamento de controlo, a concentração mais baixa de 0,4^g/ml apresentou a percentagem mais elevada de sobrevivência celular (98,567 ± 2,75 %), enquanto o aumento da concentração para 100 |ig/ml diminuiu a viabilidade celular para 51.01 ± 1,43%, além disso, em todas as concentrações de Se-NPs-BG11 (0,4, 1,6, 6,3, 25 e 100 |ig/ml), a viabilidade celular (%) de MCF7 foi significativamente maior do que a da Doxorrubicina em nível de $p < 0,0001$. No entanto, em Se-NPs-75% BFCE, as concentrações de 0,4 e 100 |ig/ml deram percentagens de viabilidade celular de 84,8 ± 1,071% e 36,5 ± 1,605%. Em contraste, houve uma diferença não significativa ($p < 0,05$) entre Se-NPs-75% BFCE e Doxorrubicina nas concentrações de 6,3 e 25 |ig/ml. A concentração de inibição (IC50) de Se-NPs-BG11 e Se-NPs- 75% BFCE foi de 132,58 ± 4,85 |ig/ml e 17,31 ± 0,63 |ig/ml, respetivamente. Enquanto. A doxorrubicina foi utilizada como agente anticancerígeno de referência com IC50 de 6,96 ± 0,26 |ig/ml (

Quadro 16).

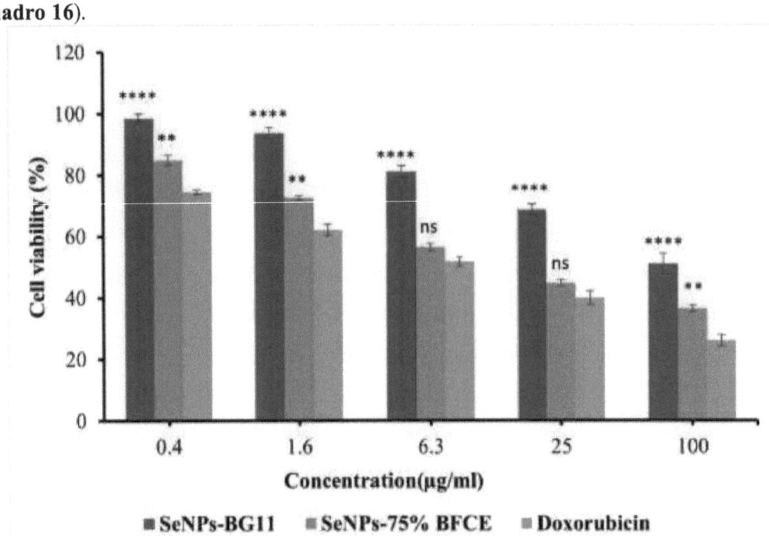

Figura 36. Efeito das NPs de Se biogénicas e da Doxorrubicina como material de referência

na viabilidade celular da linha de células MCF-7 determinada pelo ensaio MTT. Cada valor é representado como média ± DP (n=3 , p < 0,05). ANOVA de duas vias com teste de comparações múltiplas de Tukey. Comparação com a referência, ****p-level < 0,0001, **p-level< 0,01, e ns p-level > 0,05.

Tabela 16. Citotoxicidade IC_{50} das Se-NPs sintetizadas a partir do extrato bruto de ficocianina de *Leptolyngbya* sp. contra uma linha celular de cancro da mama humano.

Linha celular de cancro humano	IC_{50} (gg/ml)		
	Se-NPs- controlo	Se-NPs- 75% BFCE	Doxorrubicina (controlo positivo)
MCF7	132.58 ± 4.85	17.31 ± 0.63	6.96 ± 0.26

Todos os resultados são expressos como média ± DP de três experiências (n = 3)

5 Discussão

5.1 Parte I

5.1.1 Cultivo de *S. platensis* em diferentes concentrações de BFCE

Neste estudo, o cultivo de *S. platensis* em diferentes concentrações de BFCE foi efectuado utilizando duas técnicas: lote e modos de aclimatação. A biomassa celular, a atividade fotossintética, os pigmentos fotossintéticos e a composição bioquímica foram estimados para investigar o efeito do BFCE no desempenho do crescimento de *S. platensis*.

5.1.1.1 Atividade fotossintética

Quaisquer condições ambientais ou de stress podem afetar o sistema fotossintético, principalmente o fotossistema II, o que leva a alterações na fluorescência da clorofila a. O rendimento quântico máximo do PSII em células adaptadas ao escuro (Fv/Fm) é o parâmetro mais utilizado na medição da fluorescência da clorofila a e considera-se que uma diminuição do valor deste parâmetro é um sinal de stress ambiental ou de depleção nutricional **(Franklin *et al.*, 1992)**. Numerosos estudos demonstraram que os valores de Fv/Fm se alteram em função de condições de stress durante o crescimento, tais como elevada intensidade luminosa, deficiência de nutrientes, oxigénio, radiação e excesso de elementos pesados ou tóxicos **(Genty *et al.*, 1989; Mallick e Mohn, 2003; Vonshak *et al.*, 2006; Zhou *et al.*, 2018)**. **Richmond e Hu (2013)** relataram que os valores de Fv/Fm de microalgas verdes sem estresse variam entre 0,7 e 0,8, dependendo das condições ambientais e de cultivo. No entanto, os valores da célula cianobacteriana variam entre 0,4 e 0,6, uma vez que as ficobiliproteínas interferem com o sinal de fluorescência das clorofilas no interior da célula **(Misumi *et al.*, 2016; Ogawa *et al.*, 2017)**.

Na experiência de cultura em lote, os valores Fv/Fm de todos os tratamentos estavam dentro de intervalos aceitáveis em comparação com o SZM durante o período de cultivo. No entanto, no final da experiência, o SZM foi o mais baixo, o que se deveu a uma falta de nutrientes causada pela utilização de *S. platensis* ou ao auto-sombreamento no final da fase de crescimento do tronco, que afecta o potencial fotossintético **(Vonshak *et al.*, 1982; Kepekci e Saygideger, 2011)**.

Na experiência de aclimatação, os valores Fv/Fm foram de 0,4 durante todos os períodos de cultivo em todos os tratamentos, exceto no BFCE a 100%, e o valor diminuiu de 0,5 para aproximadamente 0,1. Estes resultados concluíram que *a S. platensis* pode adaptar-se a um crescimento até 75%. O aumento do BFCE para 100% revelou stress nestas condições de cultura, causando um declínio na eficiência fotossintética e no potencial de adaptação, o que pode ser devido ao facto de o BFCE conter quantidades restritas de nutrientes, especialmente azoto e fosfato, em comparação com o meio padrão para o crescimento de *S. platensis*. Em consonância com **Liu *et al.* (2008)** observaram uma redução nos valores de Fv/Fm quando a microalga *Phaeodactylum tricornutum* foi cultivada num modo de nutrição mixotrófico. Além disso, **Tang *et al.* (2007)** referiram que a Fv/Fm de *Scytonema javanicum* durante as suas experiências foi significativamente reduzida pelo stress de salinidade durante o crescimento.

5.1.1.2 Avaliação do crescimento por densidade ótica

O crescimento de *S. platensis* foi monitorizado através da medição da densidade ótica (DO) no comprimento de onda de 680 nm. O aumento da DO indica um aumento da concentração de biomassa. [th]No cultivo em cultura em lote, todos os tratamentos apresentaram um crescimento semelhante até ao quinto dia, mas no final da experiência, no sétimo dia, o crescimento diminuiu em 100% BFCE. Este declínio no crescimento em concentrações mais elevadas de BFCE é atribuído a nutrientes insuficientes. As concentrações óptimas de nutrientes de azoto, fósforo e bicarbonato na SZM podem ser a razão para um crescimento superior ao dos outros tratamentos.

Na experiência de aclimatação, a curva de crescimento de *S. platensis* cultivada em SZM e BFCE suplementado com SZM até 75% foi quase semelhante, indicando a capacidade de adaptação de *S. platensis* para crescer em concentrações específicas de BFCE. Por outro lado, o BFCE a 100% causou uma diminuição significativa da densidade ótica (DO), o que foi harmonioso com os resultados da atividade fotossintética. Estes resultados confirmam que a combinação de SZM e BFCE é melhor para a produção de biomassa de *S. platensis* em grande escala do que apenas BFCE, que é limitado nos seus componentes nutricionais.

5.1.1.3 Estimativa da biomassa em peso seco

O peso seco é outro parâmetro de crescimento utilizado para avaliar o crescimento de *S. platensis* cultivado em meio suplementado com SZM e BFCE. No cultivo em lote, o SZM manteve o peso seco mais elevado (0,4 ± 0,04 g/L). Ao mesmo tempo, a suplementação com BFCE atingiu um peso seco inferior, o que pode ser atribuído à depleção de nutrientes no BFCE em comparação com o SZM. Resultados semelhantes revelaram que a SZM proporcionou o maior peso seco em comparação com a urina humana sintética (SHU) e o meio BG11 modificado **(Marrez *et al.*, 2013)**. Enquanto nas experiências de adaptação, a adição gradual de BFCE aumentou o peso seco até 75%

(1,122 ± 0,063 g/L). No entanto, o comportamento do peso seco foi o mesmo que a atividade fotossintética e a densidade ótica quando *S. platensis* foi transferida para um meio 100% BFCE, indicando que a concentração mais elevada de BFCE limita significativamente o crescimento de *S. platensis.*

5.1.1.4 Determinação da clorofila-a e dos carotenóides

O teor de clorofila da biomassa de *S. platensis* depende da composição do meio, particularmente do tipo e quantidade de azoto e está diretamente relacionado com a concentração de biomassa e o teor de proteínas **(Rangel-Yagui Cde *et al.*, 2004; Rodrigues *et al.*, 2010)**. No cultivo em lote, o teor máximo de clorofila-a foi observado a 50% de BFCE, seguido de SZM. A adição adicional de BFCE para além de 50% tem efeitos adversos no teor de pigmentos. O mesmo aumento no teor de clorofila-a até 50% de BFCE no experimento de aclimatação

A viabilidade da utilização de concentrações baixas de BFCE e SZM na cultura de *S. platensis* foi significativa porque o crescimento, a atividade fotossintética, o peso seco e o pigmento fotossintético não foram afectados. Enquanto que em concentrações mais elevadas de BFCE, o crescimento celular e a atividade fotossintética diminuíram significativamente, causando consequentemente uma diminuição do conteúdo de clorofila, resultando na mudança de cor da cultura de azul-verde para amarelo-verde quando o BFCE substituiu totalmente a SZM. Isto pode ser atribuído ao teor insuficiente de azoto no meio de cultura, o que faz com que *S. platensis* utilize os pigmentos como material de armazenamento de azoto para a síntese alternativa de proteínas. Estes resultados estão em harmonia com muitos estudos **(Chaiklahan *et al.*, 2010; Jiang *et al.*, 2012)**. Além disso, foram registados resultados semelhantes e concluiu-se que o teor de pigmentos em *S. platensis* era inferior em condições mixotróficas do que em condições autotróficas **(Li *et al.*, 2018)**.

5.1.1.5 Estimativa das proteínas

O perfil nutricional padrão da *S. platensis* é constituído por proteínas (50-70%), hidratos de carbono (15-25%), lípidos (6-8%) e minerais (7-13%). As percentagens destes componentes significativos alteram-se com as condições de cultivo da alga **(Ahsan *et al.*, 2008)**. Sabe-se que o azoto é um dos factores limitantes que afectam o crescimento e a composição química das cianobactérias **(Ayala e Vargas, 1987)**, e a acumulação de biomoléculas ricas em azoto, como as proteínas, na biomassa microalgal está diretamente relacionada com a disponibilidade de azoto no meio nutritivo **(Li *et al.*, 2016)**.

Na cultura em lote, o cultivo direto de *S. platensis* em diferentes concentrações de BFCE teve um impacto negativo significativo no teor de proteínas a $p < 0,05$ ao aumentar as concentrações de BFCE, em que o teor de proteínas mais elevado foi observado em SZM e o mais baixo em 100%BFCE. Como o conteúdo de nutrientes do BFCE é limitado em comparação com o meio de crescimento padrão, essas condições causam uma deficiência de nutrientes, especialmente a concentração de nitrogênio, que afeta o conteúdo de proteínas. Em concordância, **Uslu *et al.* (2011)** concluíram que a falta de NaNO3 limitou a síntese de proteínas, o que resultou numa diminuição da produtividade proteica. Num estudo relevante **(Lu *et al.*, 2020)**, o teor de proteínas na biomassa de *S. platensis* cultivada em meio de efluentes brutos de suinicultura foi de 45,31%, enquanto a suplementação com sulfato ferroso causou um aumento no teor de proteínas até 55,15%.

Além disso, o fornecimento gradual da SZM com BFCE aumentou o teor de proteínas na experiência de adaptação. No entanto, a 100%, o BFCE contém uma quantidade restrita de azoto, tendo-se verificado uma redução significativa do teor proteico em apenas 21,16% em comparação com a SZM, que produziu 47,80% de proteínas (**Figura 15**). Estes resultados foram consistentes com **Piorreck *et al.* (1984)**, que observaram que o aumento do nível de azoto suporta um aumento da biomassa, do teor de proteínas e da clorofila. De acordo com estes resultados, a *Spirulina* maxima foi cultivada em gado fermentado e o estrume de aves com elevado teor de azoto apresentou um teor de proteínas de 60,1% e 71,8%, respetivamente **(Wu e Pond, 1981)**. Considerando os critérios dos estudos de viabilidade económica, é evidente que a utilização óptima de BFCE como aditivo ao meio de crescimento é de 75% porque a diminuição da produção de proteínas não é significativamente diferente da SZM.

5.1.1.6 Estimativa dos hidratos de carbono totais

O teor de hidratos de carbono foi aumentado com o aumento das concentrações de BFCE para 75% (15,07 ± 0,58 %) e (14 ± 0,09 %) nos modos descontínuo e de adaptação, o que difere significativamente do SZM (7,28 ± 0,5 %). Em comparação, o BFCE 100 % puro conduziu a uma diminuição do teor de hidratos de carbono, o que pode ser atribuído à redução da taxa de crescimento devido à baixa disponibilidade de nutrientes e ao aumento da concentração de BFCE no meio de cultura. Em SZM, *S. platensis* cresce autotroficamente utilizando apenas dióxido de carbono e bicarbonatos de sódio como únicas fontes de carbono para a acumulação de hidratos de carbono. No entanto, em SZM suplementado com BFCE com diferentes proporções, *S. platensis* cresceu fototroficamente por fotossíntese e mixotroficamente utilizando o carbono orgânico no BFCE como fonte de carbono, acumulando simultaneamente mais hidratos de carbono de outras fontes de carbono no BFCE. Esta tendência na indução do teor de hidratos de carbono está de acordo com os resultados do cultivo de diferentes microalgas, como *Chlorella vulgaris*, *Phaeodactylum tricornutum* e *Micractinium pusillum* noutras condições de crescimento mixotrófico **(Bouarab *et al.*, 2004; Hayward, 2006; Kong *et al.*, 2013; Hachicha *et al.*, 2023)**. Da mesma forma, um estudo semelhante relatou uma melhoria no conteúdo de carboidratos em *S. platensis* crescendo em águas residuais de tofu enriquecidas com vários carbonos orgânicos **(Nur *et al.*, 2023)**

5.1.1.7 Estimativa dos lípidos totais

Em geral, os teores de lípidos de *S. platensis* apresentaram proporções relativamente baixas; por conseguinte, concentrações mais elevadas de BFCE não tiveram um impacto significativo na acumulação de lípidos na biomassa liofilizada, tanto nas experiências de lote como de adaptação. A diferença em comparação com o SZM foi insignificante no valor de $p < 0,05$, em geral, com um valor máximo de 8,14 ± 0,26% no SZM.

Esses resultados foram inferiores aos obtidos por Chang, Wu et al. (2013) (17,2%- 19,8%), que cultivaram *S. platensis* em urina humana sintética para produção de biomassa e remoção de nutrientes. Além disso, **Li *et al.* (2018)** obtiveram os mesmos resultados ao estudar o efeito da limitação de nitrogênio no desempenho de *S. platensis* cultivada mixotroficamente.

Num outro estudo que investigou o efeito da concentração de azoto como NaNO3 na acumulação de lípidos em *S. platensis*, a produção máxima de lípidos foi de 4,7% a 15 °C num meio sem azoto. Em contraste, o melhor crescimento e produção de lípidos foi a 35 °C e 1,25 g/L de nitrato de sódio **(Seyhaneyildiz Can *et al.*, 2017)**.

Em geral, uma ligeira diferença entre todos os SZM durante as quatro semanas das experiências deve-se à variação do peso seco do inóculo (g/L), o que coincide com **Pelizer *et al.* (2003)**, que afirmaram que a melhor idade do inóculo era de seis dias com 50 mg/L de concentração e que a alteração desta relação terá impacto no peso seco final e na composição bioquímica da biomassa.

5.1.2 Otimização dos parâmetros de crescimento utilizando o Central Composite Design (CCD)

Prevê-se que factores como NaNO3, NaHCO3, BFCE e pH afectem o crescimento de *S. platensis* e o rendimento proteico. Além disso, o NaNO3 e o NaHCO3 são os principais elementos dispendiosos na SZM. Estes elementos são altamente considerados na viabilidade económica da produção em grande escala de *S. platensis,* enquanto o BFCE é um resíduo maciço da indústria açucareira com uma aplicação não significativa e preços baixos. Por outro lado, é uma fonte de carbonatos e ainda contém impurezas da indústria açucareira **(Krstic *et al.*, 2022)**, considerada um nutriente valioso para a *S. platensis*. Foi realizada *uma* matriz CCD para detetar o NaNO3, NaHCO3, BFCE e pH adequados, controlando o rendimento máximo de biomassa e proteína.

A proteína máxima de 54,40% foi observada na corrida 2, que foi quase a mesma que a SZM, quando o NaHCO3 foi reduzido para 25% do conteúdo inicial (4,2 g/L), NaNO3 de 2,025 g/L e baixo BFCE de 37,5%. Este facto contradiz a conclusão de **Raoof *et al.* (2006)**, segundo a qual a redução da concentração de bicarbonato para 4 g/L no meio formulado levou a uma diminuição significativa da biomassa, da clorofila e do teor de proteínas. Em contraste, o peso seco mais elevado da biomassa foi de 0,74 g/L no ensaio número 15, quando o BFCE foi de 62,5% e o NaHCO3 foi de 12,6 g/L. Esta observação indica que a biomassa depende da concentração de bicarbonatos de sódio e das concentrações de BFCE. Além disso, na corrida número 15, quando o NaNO3 foi reduzido para 1,075 g/L, diminuiu o teor de proteínas em comparação com o SZM. De acordo com **Colla *et al.* (2007)**, obtiveram um elevado teor proteico quando o NaNO3 era de 1,875 ou 2,50 g/L, enquanto que um teor proteico mais baixo foi observado com 0,625 e 1,250 g/L de NaNO3. A razão é que a síntese de aminoácidos e proteínas depende da fonte de azoto no meio.

5.1.2.1 Efeito das variáveis do processo

Os gráficos de superfície são considerados o método preferível para reconhecer a relação entre as variáveis independentes e a resposta correspondente em função de dois factores, mantendo os outros factores a um determinado nível **(Ozdemir *et al.*, 2011)**. Os resíduos de BFCE e o NaHCO3 afectam o peso seco da biomassa, sendo que as concentrações mais elevadas de resíduos e de NaHCO3 conduzem a um aumento da biomassa. A concentração de NaNO3 variou de 0,6 a 1,47 g/L, aumentando a biomassa. No entanto, concentrações elevadas não tiveram um efeito significativo na biomassa seca. Além disso, o pH alcalino é preferível para a produção de biomassa, e um pH inferior a 9 conduz a uma diminuição da biomassa. Estes resultados concordam com Soni, Sudhakar et al. (2019), que concluíram que são necessárias condições alcalinas moderadas para o crescimento ótimo de *S. platensis*. Para o teor de proteínas, concentrações mais altas de NaNO3 variando de 2,4- 2,5 g/L afetaram significativamente o teor de proteínas. No entanto, a diminuição das concentrações de NaHCO3 levou a um aumento do teor de proteínas. Os mesmos resultados foram obtidos por **Kumari *et al.* (2015)** que cultivaram *S. platensis* em meio económico contendo 10,0 g/L de NaHCO3 e o teor proteico foi de 52,35 %. Além disso, o pH variou de 8-9,5, o que é preferível para um teor ótimo de proteínas. Além disso, as concentrações de resíduos de BFCE variaram entre 35-75% e o teor de proteínas variou entre 50-60%.

5.1.2.2 Experiências de confirmação

Foram realizadas experiências de confirmação com os parâmetros sugeridos para verificar a precisão do conjunto ótimo de parâmetros. O teor de proteínas foi de 52,58% e o rendimento da biomassa foi de 0,566 g/L. Estes valores experimentais coincidem com os resultados obtidos pelo RSM, o que validou a conclusão da otimização da superfície de resposta.

5.1.3 Cultivo exterior em grande escala de *S. platensis* em BFCE para produção de proteínas

A produção comercial de *S. platensis* não é um processo simples que depende de diferentes factores para satisfazer as necessidades do organismo. Entre esses fatores está o alto custo do meio nutritivo padrão utilizado para seu cultivo, limitando sua produção comercial **(Raoof, 2002)**. Por conseguinte, a formulação de um meio de baixo custo para o cultivo da proteína unicelular *S. platensis* sem afetar o peso seco ou o teor de proteínas é um dos desafios da produção em grande escala. No nosso estudo, a produção em grande escala de *S. platensis* em

BFCE optimizado em comparação com SZM foi realizada em tanques abertos ao ar livre em condições ambientais não controladas, onde a temperatura e a intensidade da radiação solar variam com as alterações climáticas sazonais. De facto, a temperatura é um fator limitante que afecta o crescimento e a produtividade de *S. platensis*. É bem conhecido que a temperatura óptima para o crescimento da *Spirulina* se situa entre 25-35°C **(Soni *et al.*, 2019)**. No entanto, **Richmond (2017)** mencionou que uma temperatura de cerca de 18 °C é satisfatória para o crescimento da *Spirulina* no exterior, mas uma temperatura inferior a 12 °C tem um impacto negativo na cultura. A temperatura durante este estudo variou de 19,15 a 21,75 °C, o que foi inferior ao ótimo. No início do cultivo, a taxa de crescimento era baixa, mas depois aumentou ligeiramente à medida que a *Spirulina* se adaptava às alterações das condições ambientais.

Num estudo semelhante, foi bem sucedido o crescimento de três estirpes de *Spirulina* em lagos ao ar livre sem qualquer deterioração das culturas durante as temperaturas de inverno **(Jimenez *et al.*, 2003)**. A intensidade da luz é um fator crítico na produção de cianobactérias, tanto em laboratório como em ambientes exteriores. As cianobactérias são organismos fotossintéticos que utilizam a luz como fonte de energia no processo de fotossíntese. É sabido que tanto a baixa como a alta intensidade de luz afectam o crescimento microbiano, pelo que deve ser utilizada a intensidade de luz ideal para obter um crescimento ótimo **(Rafiqul *et al.*, 2002)**. Nos tanques abertos ao ar livre, a radiação solar é a única fonte de energia utilizada pelas cianobactérias ou microalgas para o seu crescimento, sendo difícil controlar este fator.

No entanto, a luz não é um fator limitante para o crescimento no inverno, uma vez que a temperatura é baixa e o efeito de auto-sombreamento das células *de Spirulina* também é baixo **(Ahsan *et al.*, 2008)**.

O pH do meio é um dos factores mais críticos que controlam o crescimento *da Spirulina*. Estas condições alcalinas são essenciais para evitar a contaminação por outros organismos. **Usharani *et al.* (2012)**, afirmaram que o pH ótimo para o crescimento de *S. platensis* era 10, o que pode ser atribuído ao facto de a atividade enzimática máxima necessária para o metabolismo se situar em pH alcalino. Além disso, o crescimento de *S. platensis* foi avaliado em ambos os meios de crescimento através da medição da densidade ótica, da atividade fotossintética e do peso seco das células. A atividade fotossintética utilizando as medições da fluorescência da clorofila pode ser utilizada para avaliar quaisquer factores de stress que afectem o sistema fotossintético **(Lu *et al.*, 2000)**. A eficiência quântica máxima do PSII (Fv/Fm) é o parâmetro mais utilizado, e os seus valores mudam em condições de stress **(Qi *et al.*, 2013)**. No presente estudo, no início do cultivo, os valores de Fv/Fm foram inferiores aos valores óptimos, o que pode ser atribuído à fase de atraso em que o organismo se adaptou às novas condições ambientais, o que foi consistente com a densidade ótica do organismo e, em seguida, o organismo pode adaptar-se ao novo ambiente e o valor aumentou para 0,4 em ambos os meios, revelando que o meio BFCE recentemente optimizado não afecta a atividade fotossintética da *Spirulina*. No entanto, estes valores foram inferiores aos valores Fv/Fm óptimos das cianobactérias (0,5), mas ainda assim tiveram pouco efeito sobre a biomassa no tanque aberto de pista. Além disso, no BFCE optimizado, no dia 8th , verificou-se uma diminuição súbita deste valor. Ele se recuperou novamente no final do período de cultivo, o que pode ser atribuído ao efeito limitante da baixa temperatura desse dia, 17,1°C, que afetou negativamente a atividade fotossintética **(Sliwinska-Wilczewska *et al.*, 2019)**. O crescimento de *S. platensis* foi avaliado a cada dois dias, medindo a densidade ótica e a biomassa de peso seco. Nos primeiros dias, o crescimento foi constante, uma vez que o inóculo foi transferido de fotobiorreactores fechados de condições controladas para um tanque aberto ao ar livre em condições não controladas, representando um novo ambiente. Após a adaptação ao novo ambiente, o crescimento começou a aumentar até atingir o crescimento máximo. No entanto, os valores da densidade ótica em ambos os meios foram diferentes; a DO máxima foi de 0,8 no SZM e de 0,6 no BFCE optimizado, o que pode ser atribuído ao facto de *S. platensis* crescer mixotroficamente no BFCE optimizado, mas no SZM depende principalmente da fotossíntese. Além disso, a biomassa de peso seco atingiu os valores máximos de 0,47 e 0,57 g/L nos meios SZM e BFCE optimizado no final do período de cultivo, revelando que o novo meio optimizado afectou positivamente a biomassa seca. Além disso, *a S. platensis* cultivada em SZM teve uma taxa de crescimento específica máxima a 6th dia, mas *a S. platensis* cultivada em BFCE optimizado teve uma taxa de crescimento específica máxima a 10th dia e o tempo de duplicação da *S. platensis* foi menor em SZM do que no meio BFCE optimizado. Além disso, de acordo com a literatura, *S. platensis* tem um elevado teor de proteínas, aproximadamente 50-70 % do seu peso seco **(Belay *et al.*, 1996)**. Nesta experiência, não se registou uma diferença significativa entre o teor de proteínas dos dois meios. Além disso, o perfil de aminoácidos em ambos os meios era quase semelhante, de acordo com **Saad *et al.* (2023)**. Com base na viabilidade económica, o custo dos componentes do meio afecta drasticamente o custo de produção final de *S. platensis*. Por conseguinte, é necessário formular um meio nutritivo rentável utilizando nutrientes pouco dispendiosos, especialmente a partir de resíduos que reduzam o custo de produção sem afetar o teor proteico. A avaliação económica mostrou claramente que o SZM tinha o custo mais elevado para os componentes do meio e a biomassa seca. O meio BFCE recentemente optimizado reduziu o custo em 75,14% para a criação de um meio de $1m^3$ em comparação com o SZM, e também o custo da biomassa produzida a partir do meio BFCE optimizado é 2,6 vezes mais barato do que o do SZM. Inconsistente com **Raoof *et al.* (2006)** formularam um novo meio económico chamado meio revisto que custa 16,0 dólares em comparação com o SZM, que custa 79,5 dólares. Também não revelaram qualquer diferença significativa no perfil proteico do novo meio optimizado e do SZM. Com base nos resultados anteriores, *a S. platensis* tem potencial para ser produzida utilizando um meio BFCE optimizado como uma alternativa de baixo custo à SZM sem afetar significativamente o teor proteico ou os aminoácidos.

5.1.3.1 Perfil de aminoácidos de *S. platensis*

A qualidade proteica da *S. platensis* depende principalmente do seu teor de aminoácidos, especialmente dos aminoácidos essenciais **(Becker, 2007)**. Felizmente, o total de aminoácidos essenciais foi mais elevado no meio optimizado (38,73%) do que no meio SZM (36,98%). Os resultados para os aminoácidos não essenciais na proteína de *S. platensis* indicaram que o ácido glutâmico foi o principal aminoácido até 14,65% e 14,26% no meio optimizado e no SZM, respetivamente. É evidente a partir dos resultados que o TEAA na proteína de *S. platensis* do meio optimizado utilizando BFCE foi uma fonte promissora de leucina, valina, isoleucina, lisina, ácido glutâmico, ácido aspártico, alanina e arginina em comparação com o SZM. Estes níveis e perfil de aminoácidos na *Spirulina* são semelhantes aos registados por **Shahid *et al.* (2016)**.

5.2 Parte II

5.2.1 Experiência de cultura em descontínuo da cianobactéria *Leptolyngbya* sp.

Neste estudo, o BFCE foi selecionado como um meio de crescimento alternativo para a cultura da cianobactéria Leptolyngbya sp SSI24. A biomassa celular, a atividade fotossintética, os pigmentos fotossintéticos e a composição bioquímica foram estimados para investigar o efeito de diferentes concentrações de BFCE no desempenho de crescimento da *Leptolyngbya* sp.

5.2.1.1 Atividade fotossintética

A razão *Fv/Fm* das células de microalgas e cianobactérias adaptadas ao escuro é um dos parâmetros de fluorescência da clorofila que indica a eficiência da fotossíntese, e um declínio no valor deste parâmetro é considerado um sinal de stress ambiental ou depleções nutricionais **(Stirbet *et al.*, 2019)**. No entanto, a razão Fv / FM na maioria das plantas e microalgas sem estresse é de 0,7-0,8, o que difere das células de cianobactérias, que é de 0,3 - 0,4 ou 0,4 - 0,6 dependendo da cepa de cianobactéria e das condições ambientais **(Gao *et al.*, 2007; Rizzo *et al.*, 2014; Ogawa *et al.*, 2017)**. Estes intervalos são consistentes com os nossos resultados. A relação Fv/Fm dos meios de controlo e suplementados com BFCE tem quase os mesmos valores, o que sugere que a célula cianobacteriana não sofre stress quando cultivada nos meios BFCE.

5.2.1.2 Avaliação do crescimento por densidade ótica e biomassa de peso seco

A densidade ótica do controlo foi quase a mesma que nos meios suplementados com BFCE, indicando o elevado grau de adaptabilidade da *Leptolyngbya* sp. ao meio suplementado com BFCE, o que também é coerente com os resultados da atividade fotossintética. O peso seco das células reflecte o crescimento da biomassa microalgal, e todas as concentrações de BFCE testadas estimularam o crescimento celular, com a concentração máxima de biomassa de 0,54 ± 0,047 g/L para a cultura 100% BFCE. As alterações no modo de cultivo das microalgas podem influenciar o perfil bioquímico e a concentração de biomassa **(Ceron Garcia *et al.*, 2005)**. Algumas microalgas e cianobactérias podem crescer em condições mixotróficas utilizando fontes de carbono orgânico e inorgânico, alcançando maiores rendimentos de biomassa do que as fotoautotróficas. Além disso, a célula mixotrófica obtém energia suficiente da catabolização de compostos orgânicos e da conversão de energia luminosa em energia química através da fotossíntese, o que aumenta a absorção de nutrientes, melhorando assim o crescimento **(Wan *et al.*, 2011)**. Neste estudo, o BFCE da indústria da beterraba sacarina foi utilizado como meio alternativo para o cultivo de *Leptolyngbya* sp. que contém uma fonte de carbono orgânico, azoto, fósforo e alguns minerais **(Khwairakpam e Bhargava, 2009)**. O aumento do peso seco das células em meio suplementado com BFCE deve-se à possibilidade de *Leptolyngbya* sp. assimilar o carbono orgânico presente no BFCE para o cultivo mixotrófico, produzindo CO_2, que pode ser reutilizado novamente para a fotossíntese. Da mesma forma, um estudo semelhante relatou uma melhor concentração de biomassa em *S. platensis* cultivada mixotroficamente usando melaço como fonte de carbono orgânico **(Andrade e Costa, 2007)**.

5.2.1.3 Estimativa do pigmento fotossintético

O teor de clorofila-a é crucial para que as microalgas autotróficas mantenham um crescimento estável durante a fotossíntese **(Koh *et al.*, 2019)**. Sabe-se que as condições de cultivo, como a composição do meio, especialmente o nitrogênio e a intensidade da luz, podem afetar o conteúdo de clorofila-a **(da Silva Ferreira e Sant'Anna, 2017)**. O teor de clorofila-a diminuiu significativamente no meio suplementado com BFCE em comparação com o meio de controlo, enquanto diferentes concentrações de BFCE aumentaram o teor de clorofila-b. No meio de controlo, *a Leptolyngbya* sp. depende apenas da fotossíntese para o seu crescimento; assim, a produção de clorofila-a aumenta, enquanto no meio suplementado com BFCE *a Leptolyngbya* sp. pode crescer mixotroficamente, dependendo da fonte de carbono orgânico no BFCE, o que pode levar a alterações no aparelho fotossintético, diminuindo assim a produção de clorofila-a. As mesmas observações foram relatadas por **Caporgno *et al.* (2019)**, que demonstraram que o maior teor de clorofila-a na fotoautotrofia do que no modo mixotrófico para *Chlorella protothecoides*. Além disso, a diminuição do teor de nitrogênio no BFCE em comparação com o BG11 pode afetar o pigmento fotossintético, de acordo com **Markou *et al.* (2017)** que documentaram que a indução de enzimas de degradação de nitrogênio e a redução de pigmentos fotossintéticos de microalgas estavam com limitação de nitrogênio.

As cianobactérias são ricas em pigmentos de ficobiliproteínas proteicas solúveis em água com um espetro que varia de 450 a 650 nm **(Sonani *et al.*, 2016)**. O teor de ficocianina em condições mixotróficas e autotróficas é de 25,29 ± 3,17 e 22,8 ± 1,27 mg/g, respetivamente. Deduzimos que *Leptolyngbya* sp. tem um metabolismo adaptável, uma vez que a ficocianina foi produzida em quantidades quase semelhantes em culturas mixotróficas e autotróficas. A literatura anterior relatou que as condições mixotróficas aumentaram o acúmulo de ficocianina em diferentes cianobactérias, da mesma forma, **Morais e Bastos (2019)** obtiveram os mesmos resultados ao estudar o efeito do meio sintético suplementado com vinhaça no conteúdo de ficocianina de *Aphanothece microscopica*. Outro estudo investigou o impacto do acetato como fonte de carbono orgânico no pigmento fotossintético em *S. platensis,* e concluíram que uma concentração de acetato de 4 g/L suportou um maior conteúdo de ficocianina em comparação com os autotróficos **(Chen *et al.*, 2006)**.

5.2.1.4 Estimativa da composição bioquímica

As alterações na composição do meio nutritivo podem influenciar a composição da biomassa produzida, alterando a síntese de metabolitos intracelulares **(Li *et al.*, 2016)**. A fonte de azoto é o elemento mais significativo que afecta o crescimento das cianobactérias, a síntese de proteínas, os ácidos nucleicos e os pigmentos **(Ilavarasi *et al.*, 2011)**. O teor de proteínas aumenta com um fornecimento abundante de azoto, ao contrário do teor de hidratos de carbono e lípidos, que a limitação de azoto aumenta. Estas condições induzem a célula a produzir mais lípidos e hidratos de carbono como componentes de armazenamento de energia para prolongar o crescimento **(Yew *et al.*, 2020)**.

O teor máximo de proteínas foi encontrado em BG11 (47,9 ± 0,05 %), enquanto o menor foi em 100% BFCE (30,62 ± 1,3 %). Este resultado pode ser atribuído ao facto de o meio de controlo (BG11) conter a concentração óptima de azoto utilizada na biossíntese de proteínas na célula cianobacteriana. Em contrapartida, as diferentes concentrações de BFCE contêm menos azoto do que o meio de controlo. Assim, o teor de proteínas diminuiu. Num estudo relevante, *Lyngbya purpurem* foi cultivada em BG11 (1,5 g/L $NaNO_3$) e no meio Bold 3N (0,75 g/L $NaNO_3$), tendo sido observado um elevado teor de proteínas em BG11 **(Lopez-Pacheco *et al.*, 2020)**. De acordo com **Zarrinmehr *et al.* (2020)**, observaram que o teor de proteínas *da Isochrysis galbana* diminuía com uma diminuição da concentração de azoto.

Os teores máximos de hidratos de carbono e de lípidos foram de 15,25 ± 0,7 e 10,23 ± 0,5 a 25% de BFCE. No entanto, as concentrações mais elevadas têm um impacto negativo no teor de hidratos de carbono e de lípidos. Como mencionado anteriormente, a diminuição do teor de azoto aumentou a produção destes compostos, que são utilizados como material de armazenamento para o crescimento. Em 25% de BFCE, o teor de azoto diminuiu 25% em comparação com BG11, o que mantém moléculas de armazenamento de carbono elevadas em vez de moléculas de azoto. Esta observação foi consistente com Ordog, Stirk et al. (2012), que mencionaram que a limitação total de azoto e as concentrações intermédias de azoto resultaram em maior biomassa e conteúdo lipídico. Além disso, o cultivo mixotrófico fornece fonte de carbono orgânico que pode produzir energia suficiente para aumentar a síntese lipídica **(Li *et al.*, 2018)**.

5.2.2 Biossíntese de nanopartículas de selénio pelo extrato bruto de ficocianina de *Leptolyngbya* sp.

A ficocianina bruta extraída de *Leptolyngbya* sp. foi cultivada num meio de controlo e 75% de BFCE reagiu com sucesso com selenito de sódio a partir de nanopartículas de selénio, o que foi verificado através da alteração da cor de azul para vermelho após a adição de selenito de sódio ao extrato de ficocianina, o que se deveu à excitação das oscilações plasmónicas de superfície das Se-NPs. Esta reação ocorreu a uma temperatura de 30 °C e pH 7. As proteínas ou biomoléculas responsáveis pelo processo de redução podem estar activas a esta temperatura e temperaturas mais elevadas podem desactivá-las **(El-deeb *et al.*, 2023)**.

5.2.2.1 Espectrofotómetro UV-Vis

A biossíntese de Se-NPs foi validada por espetrofotometria UV-Vis, e a mudança de cor de azul para vermelho rubi confirmou a síntese de Se-NPs através da redução de iões de selénio na solução. Foram observados dois picos. O primeiro pico observado na região UV centrada em 270 nm que pode ser atribuído a moléculas orgânicas numa mistura de reação como a proteína **(Ramamurthy *et al.*, 2013; Srivastava e Mukhopadhyay, 2015)**. O segundo pico agudo de cada tratamento centrou-se em 528 e 532 nm, respetivamente, o que permite concluir que existe um maior rendimento de Se-NPs e uma distribuição de tamanho estreita **(Bharani *et al.*, 2012)**. Estes picos podem ser atribuídos à ressonância plasmónica de superfície (SPR) das Se-NPs **(Mollania *et al.*, 2015)**. Geralmente, o tamanho, a forma, a morfologia e a composição das NPs preparadas influenciam a banda SPR **(Kelly *et al.*, 2003)**. Da mesma forma, **Alipour *et al.* (2021)** notaram o pico de absorção de Se-NPs sintetizados a partir de *S. platensis* de 450 a 500 nm e **Mosallam *et al.* (2018)** relataram um pico de absorção de UV ocorrido em 510 nm para Se-NPs produzidos usando o extrato aquoso de tremoço fermentado (AEFL). Outro estudo relatou o pico de absorção de Se-NPs em aproximadamente 379 nm **(Saranya *et al.*, 2022)**. Essa diferença no espetro UV de Se-NPs sintetizadas em verde pode ser atribuída à sua forma, tamanho e natureza do agente de cobertura **(El-Batal *et al.*, 2016)**. Além disso, notou-se que os dois picos são diferentes atribuídos à distribuição de NPs, o primeiro pode ser observado a partir de TEM para ser variado de 44,45 a 209 nm, e o segundo variou de 78,71 a 116,86 nm.

5.2.2.2 Análise ao microscópio eletrónico de transmissão

O TEM é uma técnica eficaz para determinar a forma e o tamanho das nanopartículas. As imagens TEM revelaram que as Se-NPs sintetizadas eram esféricas em morfologia e polidispersas com um tamanho médio de 95 nm e 96,48 nm de extrato bruto de ficocianina do controle e 75% de meio BFCE, respetivamente. Em estudos anteriores, o tamanho das Se-NPs biossintetizadas não foi consistente com os nossos resultados, **Alam *et al.* (2018)** cujas Se-NPs esféricas sintetizadas com um diâmetro na faixa de 8-20 nm usando um extrato alcoólico de folha de goiaba (*Psidium guajava)* e biossíntese de Se-NPs esféricas com uma faixa de tamanho de 20-80 nm usando o extrato livre de células de *Gliocladium roseum* **(Srivastava e Mukhopadhyay, 2015)**. Esta variação no tamanho pode ser explicada pela variação nas biomoléculas presentes num organismo responsável pela biossíntese de nanopartículas **(Akhtar *et al.*, 2013)**.

5.2.2.3 Difração de raios X (XRD)

A análise do padrão de difração de raios X (XRD) revela se as Se-NPs possuem uma estrutura amorfa ou cristalina **(Yilmaz *et al.*, 2021)**. Verificou-se que a presença de um par de picos de reflexão nítidos e fortes no padrão XRD de Se-NPs a 23,36 ° e 29,76 ° a 29 valores, que correspondem a 100 e 101, respetivamente, confirmando a fase cristalina das Se-NPs biossintetizadas. Esses resultados estão em conformidade com os relatados por **(Alam *et al.*, 2018; Hashem e Salem, 2022)**. Em contraste, alguns estudos anteriores relataram uma estrutura amorfa de Se-NPs sintetizados em verde **(Gunti *et al.*, 2019; Amin *et al.*, 2021)**

5.2.2.4 Potencial zeta e índice de polidispersão

O potencial zeta é uma medida que explica a estabilidade a longo prazo das nanopartículas em solução coloidal, medindo a carga eléctrica na superfície das nanopartículas **(Srivastava e Mukhopadhyay, 2015)**. As nanopartículas com um valor de potencial zeta superior a + 30 mV ou inferior a -30 mV têm uma força repulsiva suficiente para evitar a agregação no sistema coloidal. Neste contexto, o potencial zeta das Se-NPs biossintetizadas é igual a -17 mV e -15,03 mV no controlo e no tratamento com 75% de BFCE, respetivamente, indicando a sua estabilidade. Os grupos funcionais carregados negativamente podem governar os valores negativos do potencial zeta adsorvidos na superfície das nanopartículas **(Tugarova *et al.*, 2018)**. O valor do índice de polidispersidade (PDI) também revela o grau em que as partículas de uma amostra são distribuídas de forma desigual. Normalmente, os valores de PDI encontram-se no intervalo de 0 - 1. As partículas com valores de PDI mais baixos, próximos de zero, são uniformes e de tamanho monodisperso. Em comparação, os valores mais elevados de PDI próximos de um referem-se a uma vasta gama de tamanhos (polidispersos) e tendem a agregar-se **(Alvi *et al.*, 2021)**. O PDI foi calculado como sendo 0,1 e 0,3 para o extrato bruto de ficocianina do BG11 e 75% de Se-NPs fabricadas pela BFCE, respetivamente, demonstrando uma dispersão uniforme de Se-NPs na suspensão. Além disso, o tamanho obtido a partir do método de dispersão dinâmica da luz (DLS) é superior ao tamanho real obtido por TEM, o que pode ser atribuído à medida DLS do tamanho dinâmico das Se-NPs que inclui o diâmetro das NPs e biomateriais adsorvidos na sua superfície actuando como estabilizadores, mas TEM mede apenas o tamanho do nano-cristal sem agente de cobertura **(Sharma *et al.*, 2014)**.

5.2.2.5 Espectroscopia de infravermelhos com transformada de Fourier (FTIR)

A análise FTIR foi realizada para identificar as potenciais biomoléculas responsáveis pela redução dos iões Se+ e pela cobertura das nanopartículas de selénio bio-reduzidas **(Khan *et al.*, 2018)**. Análise do espetro FTIR de Se-NPs sintetizados por extrato bruto de ficocianina de *Leptolyngbya* sp. mostra diferentes grupos funcionais que provavelmente estão envolvidos na síntese e estabilização de Se-NPs. Um pico largo a 3315 cm^{-1} pode ser atribuído a N-H (grupo amina) da proteína, indicando o papel das proteínas contendo N-H na redução do ião selénio formando Se-NPs, e um pico de 2883 cm^{-1} pode ser atribuído a C-H no grupo metileno da proteína. Além disso, os picos de 1512 e 1643 cm^{-1} correspondem à ligação amida Π e I amida da proteína. Inconsistente com o estudo de **Jabs (2005)**, onde o espetro FTIR da proteína mostrou duas bandas principais conhecidas como amida I (1600-1700cm^{-1}) e amida II. A amida I é a banda mais intensa devido à vibração de estiramento C=O, enquanto a amida II é devida à vibração de flexão N-H e à vibração de estiramento C-N. Por fim, concluímos, a partir dos resultados do espetro FTIR, que as proteínas podem ser responsáveis pela redução e cobertura das NPs de Se- biossintetizadas.

5.2.3 Aplicação das Se-NPs biossintetizadas

5.2.3.1 Atividade antibacteriana das Se-NPs

O desenvolvimento de bactérias resistentes a antibióticos aumentou a necessidade de procurar agentes antimicrobianos alternativos eficientes e seguros para substituir os antibióticos, utilizando nanopartículas verdes sintetizadas seguras e eficazes. No nosso estudo, a atividade antibacteriana das Se-NPs sintetizadas através do extrato bruto de ficocianina de *Leptolyngbya* sp. foi investigada para inibir o crescimento de algumas bactérias patogénicas Gram-positivas (*S. aureus*, *S. epidermidis* e *S. pneumoniae*) e Gramnegativas (*P. aeruginosa* e

K. pneumonia). A eficácia das Se-NPs do extrato de ficocianina de 75% BFCE na inibição do crescimento de bactérias Gram-negativas e Grampositivas foi superior à das Se-NPs do extrato de ficocianina de BG11. Este facto pode ser explicado pelo tamanho das nanopartículas; o tamanho reduzido das Se-NPs aumentou a internalização das nanopartículas. De acordo com os resultados do TEM, o tamanho das Se-NPs-75%BFCE era menor do que o das Se-NPs-controlo, o que melhorou a atividade antimicrobiana. Em confirmação com o estudo de **Huang *et al.* (2019)** relataram que a melhor atividade antimicrobiana contra S. aureus sensível à meticilina e resistente à meticilina *foi* obtida usando Se-NPs com um diâmetro médio de 80 nm.

Além disso, a sensibilidade das bactérias Gram-positivas às Se-NPs biossintetizadas foi superior à das bactérias Gram-negativas, o que pode ser atribuído à diferença na composição da parede celular em ambos os tipos de bactérias **(Filipovic *et al.*, 2020)**. As bactérias Gram-negativas contêm uma quantidade considerável de lipopolissacárido altamente negativo, pelo que as Se-NPs carregadas negativamente têm uma forte força de repulsão em relação ao lipopolissacárido e à membrana das bactérias Gram-negativas e, consequentemente, a resistência às Se-NPs aumenta. Por outro lado, as bactérias Gram-positivas contêm uma grande quantidade de peptidoglicano e uma quantidade limitada de lipopolissacárido carregado negativamente, o que diminui a força de repulsão. Consequentemente, as NPs de Se- podem ser aderidas à superfície das bactérias Gram-positivas **(Tran *et al.*, 2016)**. **Arakha *et al.* (2015)** afirmaram que as NPs carregadas negativamente podem aumentar significativamente a atividade antibacteriana e ultrapassar a força de repulsão entre as NPs-Se negativamente e as bactérias carregadas negativamente através do desenvolvimento de um mecanismo de aglomeração molecular. As nanopartículas inibem as bactérias por vários mecanismos, induzindo a produção de espécies reactivas de oxigénio **(Dutta *et al.*, 2012)**, alterando a permeabilidade da membrana e inibindo a síntese de proteínas e ADN **(Wang *et al.*, 2017; Eleraky *et al.*, 2020)**. Portanto, estes resultados sugerem que as nanopartículas de selénio podem ser utilizadas como uma alternativa antibacteriana aos antibióticos.

5.2.3.2 Atividade antioxidante das Se-NPs

A atividade antioxidante das Se-NPs biossintetizadas foi avaliada através de um ensaio de DPPH de radical livre estável. Este teste depende da redução do radical livre DPPH (cor roxa) em um DPPH-H estável não radical (cor amarela) usando antioxidantes acompanhados por uma diminuição na absorbância a 517 nm **(Sridhar e Charles, 2019)**. A redução do DPPH foi inferida por uma diminuição da absorvância a 517 nm, indicando uma maior atividade antioxidante no DPPH scavenger **(Menon *et al.*, 2019)**. Neste estudo, as concentrações mais baixas de Se-NPs tiveram maior absorbância a 517nm. Em contraste, concentrações mais altas mostraram o desaparecimento da cor DPPH e, consequentemente, apresentaram valores de absorbância mais baixos que resultaram em maior atividade de eliminação de DPPH.

A concentração de inibição necessária para inibir metade da viabilidade celular é designada por IC50. Os valores mais baixos de IC50 revelam o antioxidante mais potente. Neste estudo, as Se-NPs sintetizadas a partir da ficocianina extraída de *Leptolyngbya* sp. cultivada com BG11 mostraram o menor IC50 (60,58 ± 0,7 LL g/ml) em comparação com o Torolox usado como antioxidante padrão (85,7 ± 1 Lig/ml), indicando que a alta atividade antioxidante das Se-NPs-BG11 formadas. O IC50 das Se-NPs formadas em nosso estudo diferiu do de outras literaturas. Em uma pesquisa relevante, **Afzal *et al.* (2019)** mencionaram que as Se-NPs sintetizadas a partir de *Arthrospira indica, Anabaena variabilis* NCCU-441, *Gloeocapsa gelatinosa* NCCU-430, *Oscillatoria* sp. NCCU-369 e *Phormidium* sp. NCCU-104 apresentaram valores de IC50 de 73,94 ± 1,53, 87,90 ± 1,34, 128,34 ± 2,77, 138,49 ± 0,81 e 161,07 ± 0,46 gg/ml, respetivamente, em comparação com o ácido ascórbico 55,74 ± 1,40 gg/ml. Além disso, **Afzal *et al.* (2021)** sintetizaram Se-NPs extracelulares de *Anabaena variabilis* que tinham atividade antioxidante com um valor IC50 de 83,89 ± 2,11 g/ml em comparação com o ácido ascórbico (56,36 ± 1,52 g/ml). Em outro estudo, **Menon *et al.* (2019)** estimaram a atividade antioxidante de Se-NPs biossintetizadas a partir de extrato de gengibre, e as Se-NPs tiveram valor IC50 de 125 gg / mL que é menor em comparação com o ácido ascórbico (250 gg / mL), revelando que Se-NPs é um potente antioxidante.

5.2.3.3 Atividade anticancerígena das Se-NPs

O ensaio MTT mede a viabilidade celular em função do potencial redox da célula, e as células metabolicamente activas convertem o reagente MTT em cristais de formazan púrpura, sendo a sua força diretamente proporcional às células viáveis. Neste estudo, o ensaio MTT concluiu que as Se-NPs biossintetizadas inibiram a viabilidade das células MFC7 de uma forma dependente da dose (**Figura 36**), aumentando a concentração de Se-NPs e diminuindo a viabilidade celular. Consequentemente, a doxorrubicina apresentou uma citotoxicidade potente com uma percentagem de inibição de 73,95% em concentrações mais elevadas (100 g/ml), seguida de Se-NPs biossintetizadas a partir de ficocianina de 75% BFCE (63,44%) e a atividade mais baixa foi registada em Se-NPs biossintetizadas a partir de ficocianina de BG11 (48,98%) a alta concentração. A concentração de inibição (IC50) é a concentração que suprime metade das células tumorais, pelo que valores mais baixos de IC50 revelam um agente citotóxico potente. De acordo com **loset *et al.* (2009)**, o material com IC50 acima de 90 gg/ml é classificado como não citotóxico. No nosso estudo, as Se-NPs sintetizadas pela ficocianina bruta de 75% são um forte agente citotóxico com IC50 de 17,31 ± 0,63 gg/ml, enquanto as Se-NPs sintetizadas pelo extrato bruto de ficocianina de BG11 não têm citotoxicidade com IC50 de

132,58 ± 4,85 gg/ml, em comparação com o padrão de referência que tem IC_{50} de 6,96 ± 0,26 gg/ml. Num outro estudo, verificou-se que a concentração inibitória (IC_{50}) era de 50 g/mL para as Se-NPs sintetizadas a partir do extrato bruto de *Garcinia Mangostana* contra as células de cancro da mama MCF-7 **(BenithaJ *et al.*, 2023)**. A citotoxicidade das Se-NPs pode ser atribuída ao facto de as Se-NPs carregadas negativamente poderem ser difundidas através dos canais iónicos das membranas celulares e poderem interagir com bases azotadas do ADN ou proteínas intracelulares para causar paragem do ciclo celular, disfunção mitocondrial, fragmentação do ADN e apoptose celular **(Aboul-Fadl, 2005; Al-Otaibi *et al.*, 2022)**.

6 Resumo

Este estudo teve como objetivo o cultivo de cianobactérias através de um método económico, utilizando resíduos de bolo de filtro de beterraba provenientes da indústria do açúcar. A primeira parte incluiu a produção em grande escala de proteína unicelular de *S. platensis* utilizando extrato de bolo de filtro de beterraba (BFCE) como meio alternativo ao meio de Zarrouk através da otimização dos factores de cultivo. A segunda parte incluiu o cultivo de uma outra cianobactéria *Leptolyngbya* sp. em BFCE e utilizou o extrato bruto de ficocianina para sintetizar nanopartículas de selénio, a sua caraterização por várias técnicas e, em seguida, a sua aplicação no sector biológico.

A produção de proteína unicelular de *S. platensis* ocorreu através de três etapas: cultivo de *S. platensis* em dois regimes, o cultivo direto de *S. platensis* em diferentes BFCE durante uma semana (cultivo em lote) e o segundo pelo modo de adaptação, submetendo *S. platensis* a um aumento gradual da concentração de BFCE durante um mês. A partir destas experiências, deduziu-se que uma BFCE mais elevada diminuiu significativamente o teor de proteínas, os pigmentos e o peso seco, mas teve um efeito não significativo no teor de lípidos. A otimização dos factores de cultivo que afectam o produto de interesse é necessária para passar de uma escala laboratorial para um tanque aberto ao ar livre. Por conseguinte, o segundo passo é a otimização dos factores que afectam o teor de proteínas, tais como NaNO3, NaHCO3, BFCE e pH, utilizando CCD no software Minitab©. Este software concebeu uma matriz de 31 execuções que foram efectuadas experimentalmente. Foi feita uma análise de variância para identificar os factores significativos e, além disso, prever os níveis dos factores que deram a resposta máxima. Esta corrida de predição é constituída por NaNO3 (2,5 g/L), NaHCO3 (0,678 g/L), BFCE (33,08%) e pH = 8. Após a validação da predição ter sido efectuada experimentalmente no laboratório, deve ser validada no tanque exterior. Por conseguinte, a terceira etapa consistiu no cultivo de *S. platensis* no meio BFCE optimizado em comparação com o meio de Zarrouk no tanque de corrida ao ar livre. O teor de proteínas foi de 52,58% e 55,11% no meio BFCE optimizado e no meio de Zarrouk. O perfil de aminoácidos foi efectuado para determinar a qualidade da proteína. Felizmente, o total de aminoácidos essenciais foi mais elevado no meio optimizado (38,73%) do que no SZM (36,98%). Estes resultados indicam que um meio optimizado de BFCE pode cultivar *S. platensis* sem afetar o teor de proteínas e, simultaneamente, reduzir o impacto dos resíduos de BFC no ambiente.

Outra cianobactéria foi isolada em meio BG11 do rio Nilo, no Egito, tendo sido identificada morfológica e molecularmente como estirpe *Leptolyngbya* sp SSI24 com o número de acesso (PP723083). A cultura de *Leptolyngbya* sp. foi cultivada em BG11 e em diferentes concentrações de BFCE para avaliar a viabilidade do BFCE como meio alternativo, tendo sido depois estimados o crescimento e a composição bioquímica. O crescimento de *Leptolyngbya* sp. aumentou com o aumento da concentração de BFCE. O teor de proteínas diminuiu com o aumento das concentrações de BFCE, enquanto os níveis de hidratos de carbono e de lípidos foram significativamente elevados a 25% de BFCE em comparação com BG11. Além disso, 75% de BFCE aumentou o teor de ficocianina. Em seguida, o extrato bruto de ficocianina de *Leptolyngbya* sp. cultivado em meio BG11 e 75% BFCE foi analisado quanto à sua capacidade de biossintetizar nanopartículas de selénio (Se-NPs). A cor azul do extrato de ficocianina passou a vermelho-alaranjado, confirmando a formação de Se-NPs. Foi efectuada uma confirmação adicional da síntese de Se-NPs utilizando métodos padrão. A espetroscopia de UV visível mostrou um pico máximo a 528 e 532 nm para Se-NPs-BG11 e Se-NPs-75% BFCE, o que indicou a ressonância de platmon de superfície (SPR) de Se-NPs. A análise FTIR demonstrou a presença de grupos funcionais tais como aminas, amidas e hidróxido, o que implica que as moléculas de proteína da ficocianina podem ser responsáveis pela cobertura das Se-NPs. A difração de raios X (XRD) mostrou um par de picos de reflexão nítidos e robustos no padrão XRD das Se-NPs a 23,36° e 29,76° a 29 valores correspondentes a 100 e 101, respetivamente, confirmando a estrutura cristalina das NPs produzidas. O potencial Zeta das Se-NPs biossintetizadas é igual a -17 mV e -15,03 mV no tratamento BG11 e 75% BFCE, respetivamente, indicando a sua estabilidade. Além disso, o índice de dispersão Poly (PDI) foi de 0,1 para Se-NPs-BG11 e 0,31 para Se-NPs-75% BFCE, demonstrando uma dispersão uniforme de Se-NPs na suspensão. O Microscópio Eletrónico de Transmissão (TEM) revelou que as Se-NPs biossintetizadas eram esféricas e tinham um tamanho médio de 95 nm e 96,48 nm de extrato bruto de ficocianina dos meios BG11 e 75% BFCE, respetivamente.

As Se-NPs biossintetizadas foram analisadas como um agente antibacteriano contra bactérias Gram-positivas e Gram-negativas. Os resultados mostraram que as Se-NPs sintetizadas a partir de ficocianina bruta de 75% BFCE têm maior atividade antibacteriana do que as Se-NPs sintetizadas a partir de ficocianina bruta de BG11. Além disso, as Se-NPs foram mais eficazes contra bactérias Gram-positivas do que contra bactérias Gram-negativas. A maior zona de inibição de 26,69 ± 2,6 mm foi registada em *Staphylococcus pneumoniae*.

Relativamente à atividade anticancerígena, os resultados mostraram que as Se-NPs sintetizadas a partir de ficocianina bruta de 75% BFCE exibem um efeito citotóxico significativo contra a linha celular de cancro da mama humano com IC50 de 17,31 ± 0,63 |ig/ml que pode produzir metade da morte da linha celular em comparação com as Se-NPs sintetizadas a partir de ficocianina bruta de BG11 que exibiu baixa citotoxicidade com IC50 de 132,58 ± 4,85 g/ml.

Finalmente, as Se-NPs sintetizadas a partir da ficocianina extraída da *Leptolyngbya* sp. cultivada com BGlls mostraram uma elevada atividade antioxidante com IC50 (60,58 ± 0,7 |ig/ml) em comparação com o Torolox que foi utilizado como antioxidante padrão (85,7 ± 1 Lig/ml).

Referências

Aboul-Fadl, T. (2005). **Derivados do selénio como agentes preventivos do cancro**. Curr Med Chem Anticancer Agents **5**(6): 637-652. DOI: https://doi.org/10.2174/1568011057745746 76

Acien, F. G., E. Molina, A. Reis, G. Torzillo, G. C. Zittelli, C. Sepulveda e J. Masoj^dek (2017). **Fotobiorreactores para a produção de microalgas**. Microalgae-Based Biofuels and Bioproducts, Elsevier: 144. DOI: https://doi.org/10.1016/b978-0-08-101023-5.00001-7

Afshar, P. G., M. Honarvar, M. Gharachorloo, P. Eshratabadi e B. Bazyar (2014). **Branqueamento de óleos vegetais utilizando lama de prensa obtida da indústria açucareira**. Jornal Europeu de Biologia Experimental **4**(1): 677684. DOI:

Afzal, B., D. Yasin, S. Husain, A. Zaki, P. Srivastava, R. Kumar e T. Fatma (2019). **Triagem de cepas de cianobactérias para a síntese de nanopartículas de selênio e sua atividade antioxidante**. Biocatálise e Biotecnologia Agrícola **21**: 101307. DOI: https://doi.org/10.1016/j.bcab.2019.101307

Afzal, B., D. Yasin, H. Naaz, N. Sami, A. Zaki, M. A. Rizvi, R. Kumar, P. Srivastava e T. Fatma (2021). **Potencial biomédico de nanopartículas de selênio baseadas em *Anabaena variabilis* NCCU-441 e sua comparação com nanopartículas comerciais**. Sci Rep **11**(1): 13507. DOI: https://doi.org/10.1038/s41598-021-91738-7

Ahmad, S., V. V. Pathak, R. Kothari, A. Kumar e S. B. Naidu Krishna (2018). **Otimização do estresse de nutrientes usando *C. pyrenoidosa* para produção de lipídios e biodiesel em integração com remediação em águas residuais da indústria de laticínios usando metodologia de superfície de resposta**. 3 Biotech **8**(8): 326. DOI: https://doi.org/10.1007/s13205-018-1342-8

Ahsan, M., B. Habib, M. Parvin, T. C. Huntington e M. R. Hasan (2008). **A review on culture, production and use of *Spirulina* as food for humans and feeds for domestic animals**. Circular da FAO sobre Pescas e Aquacultura (FAO). DOI:

Akhtar, M. S., J. Panwar e Y.-S. Yun (2013). **Síntese Biogênica de Nanopartículas Metálicas por Extratos Vegetais**. ACS Sustainable Chemistry & Engineering **1**(6): 591-602. DOI: https://doi.org/10.1021/sc300118u

Al-Otaibi, A. M., A. S. Al-Gebaly, R. Almeer, G. Albasher, W. S. Al-Qahtani e A. E. Abdel Moneim (2022). **Potencial de nanopartículas de selênio sintetizadas em verde usando *apigenina* em células MCF-7 de câncer de mama humano**. Environ Sci Pollut Res Int **29**(31): 47539-47548. DOI: https://doi.org/10.1007/s11356-022-19166-2

Alam, H., N. Khatoon, M. Raza, P. C. Ghosh e M. Sardar (2018). **Síntese e caraterização de nano selênio usando biomoléculas vegetais e suas aplicações potenciais**. BioNanoScience **9**(1): 96-104. DOI: https://doi.org/10.1007/s12668-018-0569-5

Algade Amadu, A., K. Amoako Atta deGraft-Johnson e G. Komla Ameka (2022). **Industrial Applications of Cyanobacteria**. Cyanobacteria - Recent

Advances in Taxonomy and Applications (Cianobactérias - Avanços recentes em taxonomia e aplicações). N. H. Wael. Rijeka, IntechOpen: Ch. 2. DOI: https://doi.org/10.5772/intechopen.98859

Alipour, S., S. Kalari, M. H. Morowvat, Z. Sabahi e A. Dehshahri (2021). **Síntese verde de nanopartículas de selênio por Cyanobacterium Spirulina platensis (abdf2224): Controlos de qualidade das condições de cultivo.** Biomed Res Int **2021**: 6635297. DOI: https://doi.org/10.1155/2021/6635297

Alvi, G. B., M. S. Iqbal, M. M. S. Ghaith, A. Haseeb, B. Ahmed e M. I. Qadir (2021). **Nanopartículas biogênicas de selênio (SeNPs) de frutas cítricas têm atividades antibacterianas.** Sci Rep **11**(1): 4811. DOI: https://doi.org/10.1038/s41598-021-84099-8

Amin, M. A., M. A. Ismail, A. A. Badawy, M. A. Awad, M. F. Hamza, M. F. Awad e A. Fouda (2021). **A potência das nanopartículas de selênio fabricadas por fungos para melhorar o desempenho de crescimento de *Helianthus annuus* L. e controle de *Cutworm Agrotis ipsilon*.** Catalysts **11**(12): 1551. DOI: https://doi.org/10.3390/catal11121551

Andrade, M. R. e J. A. V. Costa (2007). **Cultivo mixotrófico da microalga *Spirulina platensis* utilizando melaço como substrato orgânico.** Aquaculture **264**(1-4): 130-134. DOI: https://doi.org/10.1016/j.aquaculture.2006.11.021

Anupama e P. Ravindra (2000). **Alimentos de valor acrescentado: proteína unicelular.** Biotechnol Adv **18**(6): 459-479. DOI: https://doi.org/10.1016/s0734- 9750(00)00045-8

AOAC (2010). **AOAC official method 994.12: amino acids in feeds**, Association of Analytical Communities International Gaithersburg: 919. DOI:

Arakha, M., S. Pal, D. Samantarrai, T. K. Panigrahi, B. C. Mallick, K. Pramanik, B. Mallick e S. Jha (2015). **Atividade antimicrobiana da nanopartícula de óxido de ferro após modulação da interface nanopartícula-bactéria.** Sci Rep **5**(1): 14813. DOI: https://doi.org/10.1038/srep14813

Asadi, M. (2006). **Beet-Sugar Handbook**, John Wiley & Sons DOI: https://doi.org/10.1002/0471790990

Ayala, F. e T. Vargas (1987). **Experiências sobre a cultura de Spirulina em meios com efluentes e na planta piloto.** Décimo segundo Simpósio Internacional de Algas Marinhas, Springer. DOI: https://doi.org/10.1007/978-94-009-4057- 4 12

Babic, O., D. Kovac, M. Raseta, F. Sibul, Z. Svircev e J. Simeunovic (2015). **Avaliação da atividade antioxidante e do perfil fenólico de cepas de cianobactérias terrestres filamentosas isoladas do ecossistema florestal.** Journal of Applied Phycology **28**(4): 2333-2342. DOI: https://doi.org/10.1007/s10811-015-0773-4

Baker, N. R. (2008). **Fluorescência da clorofila: uma sonda da fotossíntese in vivo.** Annu Rev Plant Biol **59**: 89-113. DOI: https://doi.org/10.1146/annurev.arplant.59.032607.092759

Barrocal, V. M., M. T. Garcia-Cubero, G. Gonzalez-Benito e M. Coca (2010). **Produção de biomassa por *Spirulina maxima* utilizando vinhaça de beterraba sacarina em meios de crescimento**. N Biotechnol **27**(6): 851-856. DOI: https://doi.org/10.1016/j.nbt.2010.07.001

Becker, E. W. (2007). **Microalgas como fonte de proteínas**. Biotechnol Adv **25**(2): 207-210. DOI: https://doi.org/10.1016Zj.biotechadv.2006.11.002

Belay, A., T. Kato e Y. Ota (1996). ***Spirulina* (*Arthrospira*): aplicação potencial como suplemento alimentar para animais**. Journal of Applied Phycology **8**(4-5): 303-311. DOI: https://doi.org/10.1007/bf02178573

BenithaJ, G., S. Gheena, P. Ramani, R. Kumar, K. Ramalingam e A. Ramasubramaniam (2023). **Atividade anticancerígena de nanopartículas de selênio sintetizadas em verde a partir do extrato bruto de *Garcinia Mangostana* contra células de câncer de mama MCF-7**. Jornal de Terapêutica Populacional e Farmacologia Clínica **30**(6): 74-82. DOI: https://doi.org/10.47750/jptcp.2023.30.06.011

Bhandari, R. e P. K. Sharma (2006). **Alterações induzidas por luz intensa na fotossíntese, pigmentos, açúcares, lípidos e enzimas antioxidantes em cianobactérias de água doce (Nostoc spongiaeforme) e marinhas (Phormidium corium)**. Photochem Photobiol **82**(3): 702-710. DOI: https://doi.org/10.1562/2005-09-20-RA-690

Bharani, M., T. Karpagam, B. Varalakshmi, G. Gayathiri e K. L. Priya (2012). **Síntese e caraterização de nano partículas de prata de *Wrightia tinctoria***. Int. J. Appl. Biol. Pharm. Technol **3**(1): 58-63. DOI:

Bharathi, S., S. Kumaran, G. Suresh, M. Ramesh, V. Thangamani, S. R. Pugazhvendan e K. Sathiyamurthy (2020). **Síntese extracelular de nanoselénio a partir de bactérias de água doce *Bacillus* sp., e sua validação do potencial antibacteriano e citotóxico**. Biocatálise e

Biotecnologia Agrícola **27**: 101655. DOI: https://doi.Org/10.1016/j.bcab.2020.101655

Bhati, R. e N. Mallick (2015). **Utilização de dióxido de carbono e resíduos de aves para a produção de biopolímeros de polihidroxialcanoato por *Nostoc muscorum Agardh*: uma abordagem sustentável**. Journal of Applied Phycology **28**(1): 161-168. DOI: https://doi.org/10.1007/s10811-015- 0573-x

Bhattacharya, D. e R. K. Gupta (2005). **Nanotecnologia e potencial dos microorganismos**. Crit Rev Biotechnol **25**(4): 199-204. DOI: https://doi.org/10.1080/07388550500361994

Bhattacharya, S. (2021). **Projeto Composto Central para Metodologia de Superfície de Resposta e sua Aplicação em Farmácia**. Metodologia de superfície de resposta em ciência da engenharia, IntechOpen. DOI: https://doi.org/10.5772/intechopen.95835

Blecker, C. e A. Barka (2016). **Microalgas como uma fonte potencial de proteínas unicelulares. A review**. Base: 427-436. DOI: https://doi.org/10.25518/1780-4507.13132

Bouarab, L., A. Dauta e M. Loudiki (2004). **Crescimento heterotrófico e mixotrófico de *Micractinium pusillum* Fresenius na presença de acetato e**

glucose: efeito da luz e da concentração do gradiente de acetato. Water Res**38**(11): 2706-2712. DOI: https://doi.org/10.1016Zj.watres.2004.03.021

Boussiba, S. e A. E. Richmond (1980). **C-ficocianina como proteína de armazenamento na alga azul-verde *Spirulina platensis***. Arquivos de Microbiologia **125**(1-2): 143-147. DOI: https://doi.org/10.1007/bf00403211

Byreddy, A. R., A. Gupta, C. J. Barrow e M. Puri (2016). **Um método colorimétrico rápido para a quantificação total de lípidos em microalgas**. J Microbiol Methods **125**: 28-32. DOI: https://doi.org/10.1016/j.mimet.2016.04.002

Caporgno, M. P., I. Haberkorn, L. Bocker e A. Mathys (2019). **Cultivo de *Chlorella protothecoides* sob diferentes modos de crescimento e sua utilização em emulsões de óleo / água**. Bioresour Technol **288**: 121476. DOI: https://doi.org/10.1016/j.biortech.2019.121476

Ceron Garcia, M. C., A. Sanchez Miron, J. M. Fernandez Sevilla, E. Molina Grima e F. Garcia Camacho (2005). **Crescimento mixotrófico da microalga Phaeodactylum tricornutum**. Process Biochemistry **40**(1): 297-305. DOI: https://doi.org/10.1016/j.procbio.2004.01.016

Chaiklahan, R., N. Chirasuwan, W. Siangdung, K. Paithoonrangsarid e B. Bunnag (2010). **Cultivo de *Spirulina platensis* utilizando águas residuais de suínos num processo semi-contínuo**. J Microbiol Biotechnol **20**(3): 609-614. DOI: https://doi.org/10.4014/jmb.0907.07026

Chakraborty, N., A. Banerjee, S. Lahiri, A. Panda, A. N. Ghosh e R. Pal (2008). **Biorrecuperação de ouro utilizando cianobactérias e uma alga eucariótica com especial referência à formação de nanogold - um fenómeno novo**. Journal of Applied Phycology **21**(1): 145-152. DOI: https://doi.org/10.1007/s10811-008-9343-3

Chauhan, R. P., C. Gupta e D. Prakash (2012). **Avanços metodológicos na nanotecnologia verde e suas aplicações na síntese biológica de nanopartículas de ervas**. Revista Internacional de Bioensaios (IJB). DOI:

Chelladurai, S. J. S., M. K, A. P. Ray, M. Upadhyaya, V. Narasimharaj e G. S (2021). **Otimização de parâmetros de processo usando metodologia de superfície de resposta: Uma revisão**. Materiais Hoje: Proceedings **37**: 13011304. DOI: https://doi.org/10.1016/j.matpr.2020.06.466

Chen, J., Y. Wang, J. R. Benemann, X. Zhang, H. Hu e S. Qin (2015). **Indústria de microalgas na China: desafios e perspectivas**. Journal of Applied Phycology **28**(2): 715-725. DOI: https://doi.org/10.1007/s10811-015-0720-4

Chen, T., W. Zheng, F. Yang, Y. Bai e Y.-S. Wong (2006). **Cultura mixotrófica de Spirulina platensis enriquecida com selénio em acetato e aumento da produção de pigmentos fotossintéticos**. Tecnologia enzimática e microbiana **39**(1): 103-107. DOI: https://doi.org/10.1016Zj.enzmictec.2005.10.001

Cheng, H. R. e N. Jiang (2006). **Extração extremamente rápida de ADN de bactérias e leveduras**. Biotechnol Lett **28**(1): 55-59. DOI:

https://doi.org/10.1007/s10529-005-4688-z

Colla, L. M., C. Oliveira Reinehr, C. Reichert e J. A. Costa (2007). **Produção de biomassa e compostos nutracêuticos por *Spirulina platensis* em diferentes regimes de temperatura e azoto.** Bioresour Technol **98**(7): 1489-1493. DOI: https://doi.org/10.1016Zj.biortech.2005.09.030

Cory, A. H., T. C. Owen, J. A. Barltrop e J. G. Cory (1991). **Utilização de um ensaio aquoso de tetrazólio/formazan solúvel para ensaios de crescimento celular em cultura.** Cancer Commun **3**(7): 207-212. DOI: https://doi.org/10.3727/095535491820873191

Cosgrove, J. e M. A. Borowitzka (2010). **Terminologia da Fluorescência da Clorofila: Uma introdução.** Fluorescência da Clorofila a em Ciências Aquáticas: Methods and Applications, Springer: 1-17. DOI: https://doi.org/10.1007/978-90-481-9268-7 1

Costa, J. A. V., B. C. B. Freitas, G. M. Rosa, L. Moraes, M. G. Morais e B. G. Mitchell (2019). **Aspectos operacionais e econômicos da biorrefinaria baseada em *Spirulina*.** Bioresour Technol **292**: 121946. DOI: https://doi.Org/10.1016/j.biortech.2019.121946

da Silva Ferreira, V. e C. Sant'Anna (2017). **Impacto das condições de cultivo no teor de clorofila de microalgas para aplicações biotecnológicas.** World J Microbiol Biotechnol **33**(1): 20. DOI: https://doi.org/10.1007/s11274-016-2181-6

Dahoumane, S. A., M. Mechouet, K. Wijesekera, C. D. M. Filipe, C. Sicard, D. A. Bazylinski e C. Jeffryes (2017). **Biossíntese mediada por algas de nanomateriais inorgânicos como uma rota promissora em nanobiotecnologia - uma revisão.** Green Chemistry **19**(3): 552-587. DOI: https://doi.org/10.1039/c6gc02346k

Das, V. L., R. Thomas, R. T. Varghese, E. V. Soniya, J. Mathew e E. K. Radhakrishnan (2014). **Síntese extracelular de prata nanopartículas pela cepa *Bacillus* CS 11 isolada de área industrializada.** 3 Biotech **4**(2): 121-126. DOI: https://doi.org/10.1007/s13205-013-0130-8

De Jaeger, N., H. Demeyere, R. Finsy, R. Sneyers, J. Vanderdeelen, P. van der Meeren e M. van Laethem (2004). **Dimensionamento de Partículas por Espectroscopia de Correlação de Fotões Parte I: Látices Monodispersos: Influência do ângulo de dispersão e da concentração de material disperso.** Caracterização de Partículas e Sistemas de Partículas **8**(1-4): 179-186. DOI: https://doi.org/10.1002/ppsc.19910080134

de Jesus, C. S., L. da Silva Uebel, S. S. Costa, A. L. Miranda, E. G. de Morais, M. G. de Morais, J. A. V. Costa, I. L. Nunes, E. de Souza Ferreira e J. I. Druzian (2018). **Cultivo em escala piloto ao ar livre de *Spirulina* sp. LEB-18 em diferentes localizações geográficas para avaliação de seu crescimento e composição química.** Bioresour Technol **256**: 86-94. DOI: https: //doi.org/ 10.1016/j.biortech.2018.01.149

DuBois, M., K. A. Gilles, J. K. Hamilton, P. A. Rebers e F. Smith (2002).

Colorimetric Method for Determination of Sugars and Related Substances (Método Colorimétrico para a Determinação de Açúcares e Substâncias Relacionadas). Analytical Chemistry **28**(3): 350-356. DOI: https://doi.org/10.1021/ac60111a017

Dutta, R. K., B. P. Nenavathu, M. K. Gangishetty e A. V. Reddy (2012). **Estudos sobre a atividade antibacteriana de nanopartículas de ZnO por peroxidação lipídica induzida por ROS**. Colloids Surf B Biointerfaces **94**: 143-150. DOI: https: //doi.org/ 10.1016/j.colsurfb .2012.01.046

Ebadi, M., M. R. Zolfaghari, S. S. Aghaei, M. Zargar e K. A. Noghabi (2022). ***Desertifilum* sp. Extrato de células EAZ03 como uma nova fonte natural para a biossíntese de nanopartículas de óxido de zinco e caraterísticas antibacterianas, anticâncer e antibiofilme de nanopartículas de óxido de zinco sintetizadas**. J Appl Microbiol **132**(1): 221-236. DOI: https://doi.org/10.nn/jam.15177

Ebadi, M., M. R. Zolfaghari, S. S. Aghaei, M. Zargar, M. Shafiei, H. S. Zahiri e K. A. Noghabi (2019). **Uma estratégia bio-inspirada para a síntese de nanopartículas de óxido de zinco (ZnO NPs) usando o extrato celular da cianobactéria *Nostoc* sp. EA03: da função biológica à avaliação da toxicidade**. RSC Adv **9**(41): 23508-23525. DOI: https://doi.org/10.1039/c9ra03962g

El-Batal, A., N. M. Sidkey, A. Ismail, R. A. Arafa e R. M. Fathy (2016). **Impacto das nanopartículas de prata e selênio sintetizadas por irradiação gama e sua resposta fisiológica na doença da praga precoce da batata**. J Chem Pharm Res **8**(4): 934-951. DOI:

El-deeb, B., E. Asem e K. Mohammed (2023). **Biossíntese e otimização de nanopartículas de selénio utilizando *Streptomyces* sp**. Sohag Journal of Sciences **8**(1): 1-6. DOI: https://doi.org/10.21608/sjsci.2022.164668.1034

El-Maghraby, H., A. Aly e S. Naga (2013). **Utilização de subprodutos da indústria da beterraba sacarina para a produção de anortita**. International Ceramic Review **62**(6): 426-428. DOI:

El-Naggar, N. E., M. H. Hussein e A. A. El-Sawah (2017). **Bio-fabricação de nanopartículas de prata por ficocianina, caraterização, atividade anticâncer in vitro contra linha celular de câncer de mama e citotoxicidade in vivo**. Sci Rep **7**(1): 10844. DOI: https://doi.org/10.1038/s41598-017-n121-3

El-Sayed, E. R., H. K. Abdelhakim e A. S. Ahmed (2020). **Fermentação em estado sólido para produção aprimorada de nanopartículas de selênio por *Monascus purpureus* irradiado por gama e sua avaliação biológica e atividades fotocatalíticas**. Bioprocess Biosyst Eng **43**(5): 797-809. DOI: https://doi.org/10.1007/s00449-019-02275-7

El-Tayeh, N., F. Salama, N. Loutfy e M. Abou Alhamd (2019). **Efeito da emenda do solo arenoso com bolo de lama de filtro no crescimento e alguns parâmetros ecofisiológicos de Daucus carota e Beta vulgaris**

Plantas. Catrina: The International Journal of Environmental Sciences **18**(1):

97-103. DOI: https://doi.org/10.21608/cat.2019.28613
Eleraky, N. E., A. Allam, S. B. Hassan e M. M. Omar (2020). **Luta da nanomedicina contra a resistência antibacteriana: An Overview of the Recent Pharmaceutical Innovations (Uma visão geral das recentes inovações farmacêuticas)**. Pharmaceutics **12**(2): 142. DOI: https://doi.org/10.3390/pharmaceutics12020142
Fahimmunisha, B. A., R. Ishwarya, M. S. AlSalhi, S. Devanesan, M. Govindarajan e B. Vaseeharan (2020). **Fabricação verde, caraterização e potencial antibacteriano de nanopartículas de óxido de zinco usando extrato de folha de *Aloe socotrina*: uma nova abordagem de entrega de drogas**. Jornal de Ciência e Tecnologia de Entrega de Medicamentos **55**: 101465. DOI: https://doi.org/10.1016/j.jddst.2019.101465
Fardsadegh, B. e H. Jafarizadeh-Malmiri (2019). **Síntese verde de nanopartículas de selênio mediada por extrato de folha de Aloe vera e avaliação de sua atividade antimicrobiana in vitro contra fungos de deterioração e cepas de bactérias patogênicas**. Processamento e síntese verdes **8**(1): 399-407. DOI: https://doi.org/10.1515/gps-2019-0007
Fernandez-Llamosas, H., L. Castro, M. L. Blazquez, E. Diaz e M. Carmona (2017). **Acelerando a bioprodução de nanopartículas de selênio usando *Vibrio natriegens* como fábrica microbiana**. Sci Rep **7**(1): 16046. DOI: https://doi.org/ 10.1038/s41598-017-16252-1
Filipovic, N., D. Usjak, M. T. Milenkovic, K. Zheng, L. Liverani, A. R. Boccaccini e M. M. Stevanovic (2020). **Estudo comparativo da atividade antimicrobiana de nanopartículas de selênio com diferentes químicas e estruturas de superfície**. Front Bioeng Biotechnol **8**: 624621. DOI: https://doi.org/10.3389/fbioe.2020.624621
Franklin, L. A., G. Levavasseur, C. B. Osmond, W. J. Henley e J. Ramus (1992). **Two components of onset and recovery during photoinhibition of *Ulva rotundata***. Planta **186**(3): 399-408. DOI: https://doi.org/10.1007/BF00195321
Gademann, K. e C. Portmann (2008). **Metabolitos secundários de cianobactérias: Complex Structures and Powerful Bioactivities**. Química Orgânica Atual **12**(4): 326-341. DOI: https://doi.org/10.2174/138527208783743750
Gantar, M., D. Simovic, S. Djilas, W. W. Gonzalez e J. Miksovska (2012). **Isolamento, caraterização e atividade antioxidante da ficocianina C de *Limnothrix* sp. estirpe 37-2-1**. J Biotechnol **159**(12): 21-26. DOI: https://doi.org/10.1016Zj.jbiotec.2012.02.004
Gao, K., H. Yu e M. T. Brown (2007). **A radiação solar PAR e UV afecta a fisiologia e a morfologia da cianobactéria Anabaena sp. PCC 7120**. J Photochem Photobiol B **89**(2-3): 117-124. DOI: https://doi.Org/10.1016/j.jphotobiol.2007.09.006
Gara-Ali, M., F. Zili, K. Hosni, H. Ben Ouada e K. Ben-Mahrez (2021). **Extratos lipofílicos da cianobactéria termofílica *Leptolyngbya* sp. e clorofita Graesiella sp. e seu uso potencial como alimento e agentes anticâncer**. Algal

Research **60**: 102511. DOI: https://doi.org/10.1016Zj.algal.2021.102511
Genty, B., J.-M. Briantais e N. R. Baker (1989). **The relationship between the quantum yield of photosynthetic electron transport and quenching of chlorophyll fluorescence**. Biochimica et Biophysica Ata (BBA) - Assuntos Gerais **990**(1): 87-92. DOI: https://doi.org/10.1016/s0304- 4165(89)80016-9
Giovanardi, M., L. Ferroni, C. Baldisserotto, P. Tedeschi, A. Maietti, L. Pantaleoni e S. Pancaldi (2013). **Análises morfofisiológicas de *Neochloris oleoabundans* (Chlorophyta) cultivadas mixotroficamente em um produto residual rico em carbono**. Protoplasma **250**(1): 161-174. DOI: https://doi.org/10.1007/s00709-012-0390-x
Gunti, L., R. S. Dass e N. K. Kalagatur (2019). **Fitofabricação de nanopartículas de selênio do extrato de frutas Emblica officinalis e exploração de suas aplicações biopotenciais: Antioxidante, antimicrobiano e biocompatibilidade**. Front Microbiol **10**: 931. DOI: https://doi.org/10.3389/fmicb.2019.00931
Guo, Y. e J. Tan (2015). **Avanços recentes na aplicação da fluorescência da clorofila a do fotossistema II**. Photochem Photobiol **91**(1): 1-14. DOI: https://doi.org/10.1111/php.12362
Gutierrez, M., T. L. Suyama, N. Engene, J. S. Wingerd, T. Matainaho e W. H. Gerwick (2008). **Apratoxin D, um potente ciclodepsipeptídeo citotóxico de colecções da Papua-Nova Guiné das cianobactérias marinhas Lyngbya majuscula e Lyngbya sordida**. J Nat Prod **71**(6): 10991103. DOI: https://doi.org/10.1021/np800121a
Habib, M., M. Parvin, T. Huntington e M. Hasan **A review on culture, production and use of *Spirulina* as food for humans and feeds for domestic animals and fish. 2008. Fao Fisheries and Aquaculture Circular [Internet]. 2008 [citado 6 de maio de 2017]; 1034** DOI:
Hachicha, R., F. Elleuch, H. Ben Hlima, P. Dubessay, H. de Baynast, C. Delattre, G. Pierre, R. Hachicha, S. Abdelkafi, I. Fendri e P. Michaud (2023). **Tratamentos não convencionais de resíduos agro-industriais e águas residuais por culturas heterotróficas / mixotróficas de microalgas e cianobactérias**. Valorização da Biomassa de Microalgas e Tratamento de Águas Residuais. S. A. Bandh e F. A. Malla, Elsevier: 239260. DOI: https://doi.org/10.1016/b978-0-323-91869-5.00002-8
Hafidh Al, M., S. Dobretsov, A. Aviles e R. T. A. Diaz (2022). **Otimização da *espirulina* usando melaço de cana como alternativa econômica ao bicarbonato de sódio**. Boletim de Biologia **49**(S1): S60- S68. DOI: https://doi.org/10.1134/s106235902213012x
Haiss, W., N. T. Thanh, J. Aveyard e D. G. Fernig (2007). **Determinação do tamanho e da concentração de nanopartículas de ouro a partir de espectros UV-vis**. Anal Chem **79**(11): 4215-4221. DOI: https://doi.org/10.1021/ac0702084
Hamida, R. S., M. A. Ali, A. Redhwan e M. M. Bin-Meferij (2020). **Cianobactérias - uma plataforma promissora em nanotecnologia verde: Uma revisão sobre a fabricação de nanopartículas e suas aplicações**

prospectivas. Int J Nanomedicine **15**(null): 6033-6066. DOI: https://doi.org/10.2147/IJN.S256134

Hanaor, D., M. Michelazzi, C. Leonelli e C. C. Sorrell (2012). **Os efeitos dos ácidos carboxílicos na dispersão aquosa e na deposição electroforética de ZrO2**. Jornal da Sociedade Europeia de Cerâmica **32**(1): 235-244. DOI: https ://doi. org/ 10.1016/j .j eurceramsoc.2011.08.015

Hase, R., H. Oikawa, C. Sasao, M. Morita e Y. Watanabe (2000). **Produção fotossintética de biomassa de microalgas num sistema de canais em condições de estufa na cidade de Sendai**. J Biosci Bioeng **89**(2): 157-163. DOI: https://doi.org/10.1016/s1389-1723(00)88730-7

Hashem, A. H. e S. S. Salem (2022). **Biossíntese verde e ecológica de nanopartículas de selênio usando extrato de folha de *Urtica dioica* (urtiga): atividade antimicrobiana e anticâncer**. Biotechnol J **17**(2): e2100432. DOI: https://doi.org/10.1002/biot.202100432

Hayward, J. (2006). **Estudos sobre o crescimento de *Phaeodaetylum tricornutum***. Physiologia Plantarum **21**(1): 100-108. DOI: https://doi.org/10.1111/j.1399-3054.1968.tb07234.x

Hidangmayum, A., A. Debnath, A. Guru, B. N. Singh, S. K. Upadhyay e P. Dwivedi (2022). **Actualizações mecanísticas e recentes em nanobiorremediação para o desenvolvimento de tecnologia verde para aliviar os contaminantes agrícolas**. Int J Environ Sci Technol (Teerão) **20**(10): 1-26. DOI: https://doi.org/10.1007/s13762-022-04560-7

Holman, B. W. e A. E. Malau-Aduli (2013). ***Spirulina* como suplemento para o gado e alimentação animal**. J Anim Physiol Anim Nutr (Berl) **97**(4): 615-623. DOI: https://doi.org/10.1111/j.1439-0396.2012.01328.x

Huang, T., J. A. Holden, D. E. Heath, N. M. O'Brien-Simpson e A. J. O'Connor (2019). **Engenharia de nanopartículas de selênio antimicrobiano altamente eficazes através do controle do tamanho das partículas**. Nanoscale **11**(31): 14937-14951. DOI: https://doi.org/10.1039/c9nr04424h

Huisman, J., G. A. Codd, H. W. Paerl, B. W. Ibelings, J. M. H. Verspagen e P. M. Visser (2018). **Florescimentos de cianobactérias**. Nat Rev Microbiol **16**(8): 471-483. DOI: https://doi.org/10.1038/s41579-018-0040-1

Ilavarasi, A., D. Mubarakali, R. Praveenkum, E. Baldev e N. Thajuddin (2011). **Otimização de Vários Meios de Crescimento para Microalgas de Água Doce para Produção de Biomassa**. Biotecnologia (Faisalabad) **10**(6): 540-545. DOI: https://doi.org/10.3923/biotech.2011.540.545

Ioset, J.-R., R. Brun, T. Wenzler, M. Kaiser e V. Yardley (2009). **Rastreio de medicamentos para doenças de kinetoplastídeos**. Um manual de formação para a despistagem de doenças negligenciadas **74**. DOI:

Jabs, A. (2005). **Determinação da estrutura secundária em proteínas por espetroscopia de infravermelhos com transformada de Fourier (FTIR)**. Biblioteca de Jena de Macromoléculas Biológicas. DOI:

Jacob-Lopes, E., L. Q. Zepka, M. I. Queiroz e F. M. Netto (2006). **Caracterizagao da fragao proteica da cianobacteria Aphanothece Microscopica Nageli cultivada no efluente da parboilizagao do arroz**.

Ciencia e Tecnologia de Alimentos **26**(2): 482-488. DOI: https://doi.org/10.1590/s0101-20612006000200036

Jeffrey, S. W. e G. F. Humphrey (1975). **New spectrophotometric equations for determining chlorophylls a, b, c1 and c2 in higher plants, algae and natural phytoplankton.** Biochemie und Physiologie der Pflanzen **167**(2): 191-194. DOI: https://doi.org/10.1016/s0015-3796(17)30778- 3

Jiang, Y., T. Yoshida e A. Quigg (2012). **Desempenho fotossintético, produção de lípidos e composição da biomassa em resposta à limitação de azoto em microalgas marinhas.** Plant Physiol Biochem **54**: 70-77. DOI: https://doi.org/10.1016Zj.plaphy.2012.02.012

Jimenez, C., B. R. Cosslo, D. Labella e F. Xavier Niell (2003). A **viabilidade da produção industrial de *Spirulina* (*Arthrospira*) no sul de Espanha.** **217**(1-4): 179-190. DOI: https://doi.org/10.1016/s0044-8486(02)00118-7

Kelly, K. L., E. Coronado, L. L. Zhao e G. C. Schatz (2003). **The optical properties of metal nanoparticles: the influence of size, shape, and dielectric environment**, ACS Publications. **107:** 668-677 DOI: https://doi.org/10.1021/jp026731y

Kepekgi, R. A. e S. D. Saygideger (2011). **Aumento da produção de compostos fenólicos em Spirulina platensis por cultivo em modo de lote de duas etapas.** Journal of Applied Phycology **24**(4): 897-905. DOI: https://doi.org/10.1007/s10811-011-9710-3

Khan, S. A., S. B. Khan, L. U. Khan, A. Farooq, K. Akhtar e A. M. Asiri (2018). **Espectroscopia de infravermelho por transformada de Fourier: fundamentos e aplicação em grupos funcionais e caraterização de nanomateriais.** Manual de caraterização de materiais: 317-344. DOI: https://doi.org/10.1007/978-3-319-92955-2 9

Khwairakpam, M. e R. Bhargava (2009). **Bioconversão de lama de filtro utilizando vermicompostagem com duas espécies exóticas e uma espécie local de minhoca.** Bioresour Technol **100**(23): 5846-5852. DOI: https://doi.org/10.1016/j.biortech.2009.06.038

Kieliszek, M. e S. Blazejak (2016). **Conhecimento atual sobre a importância do selénio nos alimentos para os organismos vivos: A Review.** Molecules **21**(5): 609. DOI: https://doi.org/10.3390/molecules21050609

Koh, H. G., N. K. Kang, S. Jeon, S. E. Shin, B. R. Jeong e Y. K. Chang (2019). **A síntese heteróloga de clorofila b em Nannochloropsis salina melhora o crescimento e a produção de lípidos através do aumento da eficiência fotossintética.** Biotechnol Biofuels **12**(1): 122. DOI: https://doi.org/10.1186/s13068-019-1462-3

Kong, W.-B., H. Yang, Y.-T. Cao, H. Song, S.-F. Hua e C.-G. Xia (2013). **Efeito do glicerol e da glucose no aumento da produção de biomassa, lípidos e hidratos de carbono solúveis por Chlorella vulgaris em cultura mixotrófica.** Tecnologia de Alimentos e Biotecnologia **51**(1): 62. DOI:

Krstic, J. B., Z. B. Njezic, M. D. Kostic, B. D. Marie, O. D. Simurina, O. S. Stamenkovic e V B. Veljkovic (2022). **Produção de biodiesel a partir de óleo**

de colza sobre bolo de filtro de resíduos calcinados do processamento de beterraba sacarina. Segurança de processos e proteção ambiental **168**: 463473. DOI: https://doi.org/10.1016/j.psep.2022.10.021

Kumar, S., G. Stecher, M. Li, C. Knyaz e K. Tamura (2018). **MEGA X: Análise de genética evolutiva molecular em plataformas de computação**. Mol Biol Evol **35**(6): 1547-1549. DOI: https://doi.org/10.1093/molbev/msy096

Kumari, A., A. K. Pathak e C. Guria (2015). **Cultivo rentável de *Spirulina platensis* usando fertilizante NPK**. Pesquisa Agrícola **4**(3): 261-271. DOI: https://doi.org/10.1007/s40003-015-0168-4

Langford, J. I. (1975). **Procedimentos de difração de raios X para materiais policristalinos e amorfos por H. P. Klug e L. E. Alexander**. Journal of Applied Crystallography **8**(5): 573-574. DOI: https://doi.org/10.1107/s0021889875011399

Ledermann, B., M. Aras e N. Frankenberg-Dinkel (2017). **Biossíntese de pigmentos de colheita de luz cianobacteriana e sua montagem em ficobiliproteínas**. Tópicos modernos nos procariotas fototróficos. P. C. Hallenbeck. Cham, Springer International Publishing: 305-340. DOI: https://doi.org/10.1007/978-3-319-51365- 2 9

Li, T., J. Xu, B. Gao, W. Xiang, A. Li e C. Zhang (2016). **Morfologia, crescimento, composição bioquímica e desempenho fotossintético de *Chlorella vulgaris* (Trebouxiophyceae) sob baixos e altos suprimentos de nitrogênio**. Algal Research **16**: 481-491. DOI: https://doi.org/10.1016Zj.algal.2016.04.008

Li, X., W. Li, J. Zhai e H. Wei (2018). **Efeito da limitação de nitrogênio na composição bioquímica e no desempenho fotossintético para o cultivo mixotrófico em lote alimentado da microalga *Spirulina platensis***. Bioresour Technol **263**: 555-561. DOI: https://doi.org/10.1016/j.biortech.2018.05.046

Li, Y.-R., W.-T. Tsai, Y.-C. Hsu, M.-Z. Xie e J.-J. Chen (2014). **Comparação do Cultivo Autotrófico e Mixotrófico de Microalgas Verdes para Produção de Biodiesel**. Energy Procedia **52**: 371-376. DOI: https://doi.org/10.1016/j.egypro.2014.07.088

Lima, I. M. e J. A. Beacorn (2022). **Visando uma indústria sustentável de processamento de safras de açúcar: A Review (Part I)-By-Product Applications**. Sugar Tech **24**(4): 970-991. DOI: https://doi.org/10.1007/s12355-022- 01169-5

Liu, X., S. Duan, A. Li, N. Xu, Z. Cai e Z. Hu (2008). **Efeitos de fontes de carbono orgânico no crescimento, fotossíntese e respiração de Phaeodactylum tricornutum**. Journal of Applied Phycology **21**(2): 239-246. DOI: https://doi.org/10.1007/s10811-008-9355-z

Lopez-Pacheco, I. Y., S. Fuentes-Tristan, L. I. Rodas-Zuluaga, C. Castillo-Zacarias, I. Pedro-Carrillo, M. A. Martinez-Prado, H. M. N. Iqbal e R. Parra-Saldivar (2020). **Influência da baixa concentração de sal no comportamento de crescimento e composição geral da biomassa em *Lyngbya purpurem***

(cianobactérias). Mar Drugs **18**(12): 621. DOI: https://doi.org/10.3390/md18120621

Lowry, O. H., N. J. Rosebrough, A. L. Farr e R. J. Randall (1951). **Medição de proteínas com o reagente de fenol Folin**. J Biol Chem **193**(1): 265-275. DOI: https://doi.org/10.1016/S0021-9258(19)52451-6

Lu, C. M., C. W. Chau e J. H. Zhang (2000). **Toxicidade aguda do excesso de mercúrio no desempenho fotossintético da cianobactéria, S. platensis - avaliação por análise de fluorescência da clorofila**. Chemosphere **41**(1-2): 191-196. DOI: https://doi.org/10.1016/s0045- 6535(99)00411-7

Lu, W., M. Lin, X. Guo e Z. Lin (2020). **Cultivo de *Spirulina platensis* usando águas residuais de suinocultura crua para biorremediação de nutrientes e produção de biomassa: efeito da suplementação de sulfato ferroso**. Dessalinização e Tratamento de Água **175**: 60-67. DOI: https://doi.org/10.5004/dwt.2020.24830

Mahanil, K., A. Sensupa, J. Pekkoh, Y. Tragoolpua e C. Pumas (2021). **Aplicação de ficobiliproteínas de *Leptolyngbya* sp. KC45 para bebidas corantes iluminadas naturais**. Journal of Applied Phycology **33**(6): 3747-3760. DOI: https://doi.org/10.1007/s10811- 021-02556-3

Mallick, N. e F. H. Mohn (2003). **Utilização da fluorescência da clorofila na investigação do stress causado por metais: um estudo de caso com a microalga verde *Scenedesmus***. Ecotoxicol Environ Saf **55**(1): 64-69. DOI: https://doi.org/10.1016/s0147-6513(02)00122-7

Manjunatha, S., D. Biradar e Y. R. Aladakatti (2016). **Nanotecnologia e suas aplicações na agricultura: Uma revisão**. J farm Sci **29**(1): 1-13. DOI:

Markou, G., L. H. T. Dao, K. Muylaert e J. Beardall (2017). **Influência de diferentes graus de limitação de N no desempenho do fotossistema II e heterogeneidade de *Chlorella vulgaris***. Algal Research **26**: 84-92. DOI: https://doi.org/10.1016Zj.algal.2017.07.005

Markou, G. e D. Georgakakis (2011). **Cultivo de cianobactérias filamentosas (algas azuis-verdes) em resíduos agro-industriais e águas residuais: A review**. Applied Energy **88**(10): 3389-3401. DOI: https://doi.org/ 10.1016/j.apenergy.2010.12.042

Marrez, D., M. Naguib, Y. Sultan, Z. Daw e A. Higazy (2013). **Impacto do meio de cultura na produção de biomassa e no conteúdo de pigmentos de *Spirulina platensis***. Revista Internacional de Pesquisa Avançada **1**(10): 951-961. DOI:

Martinez-Esquivias, F., M. Gutierrez-Angulo, A. Perez-Larios, J. A. Sanchez-Burgos, J. S. Becerra-Ruiz e J. M. Guzman-Flores (2022). **Atividade anticâncer de nanopartículas de selênio em estudos in vitro**. Agentes Anticancerígenos Med Chem **22**(9): 1658-1673. DOI: https://doi.org/10.2174/1871520621666210910084216

Martins, A. A., T. M. Mata, N. de Sa Caetano, W. G. M. Junior, M. Gorgich e P S. Correa (2020). **Microalgas para aplicações biotecnológicas: Cultivo, colheita e processamento de biomassa**. DOI:

Maxwell, K. e G. N. Johnson (2000). **Fluorescência da clorofila - um guia**

prático. J Exp Bot **51**(345): 659-668. DOI: https://doi.org/10.1093/jxb/51.345.659

Menon, S., S. D. K.S, H. Agarwal e V. K. Shanmugam (2019). **Eficácia das nanopartículas de selênio biogênico de um extrato de gengibre para avaliação de atividades antimicrobianas e anti-oxidantes**. Comunicações de Ciência Coloidal e de Interface **29**: 1-8. DOI: https://doi.org/10.1016/j.colcom.2018.12.004

Minhas, L. A., M. Kaleem, M. A. H. Minhas, R. Waqar, D. A. Al Farraj, M. A. Alsaigh, H. Badshah, M. Haris e A. S. Mumtaz (2023). **Fabricação Biogênica de Nanopartículas de Óxido de Ferro de *Leptolyngbya* sp. L-2 e Múltiplas Propriedades Farmacogenéticas In Vitro**. Toxics **11**(7): 561. DOI: https://doi.org/10.3390/toxics11070561

Mishra, S. K., A. Shrivastav, R. R. Maurya, S. K. Patidar, S. Haldar e S. Mishra (2012). **Efeito da qualidade da luz na produção de C-ficoeritrina em cianobactérias marinhas *Pseudanabaena* sp. isoladas da costa de Gujarat, Índia**. Protein Expr Purif **81**(1):5-10. DOI: https://doi.org/10.1016/j.pep.2011.08.011

Misumi, M., H. Katoh, T. Tomo e K. Sonoike (2016). **A relação entre a extinção fotoquímica e a extinção não fotoquímica em seis espécies de cianobactérias revela a diferença de espécies no estado redox e a semelhança de espécies na dissipação de energia**. Plant Cell Physiol **57**(7): 1510-1517. DOI: https://doi.org/10.1093/pcp/pcv185

Mollania, N., R. Tayebee e F. Narenji-Sani (2015). **Um método ambientalmente benigno para a biossíntese de nanopartículas de selénio estáveis**. Pesquisa em Intermediários Químicos **42**(5): 42534271. DOI: https://doi.org/10.1007/s11164-015-2272-2

Moon, M., S. K. Mishra, C. W. Kim, W. I. Suh, M. S. Park e J.-W. Yang (2014). **Isolamento e caraterização de ficocianina termoestável de *Galdieria sulphuraria***. Jornal Coreano de Engenharia Química **31**(3): 490-495. DOI: https://doi.org/10.1007/s11814-013-0239-9

Moraes, C. C., L. Sala, G. P. Cerveira e S. J. Kalil (2011). **Extração de C-ficocianina da biomassa úmida de *Spirulina platensis***. Revista Brasileira de Engenharia Química **28**(1): 45-49. DOI: https://doi.org/10.1590/s0104-66322011000100006

Morais, D. V. e R. G. Bastos (2019). **Produção de ficocianina por Aphanothece microscopica Nageli em meio sintético suplementado com vinhaça de cana-de-açúcar**. Appl Biochem Biotechnol **187**(1): 129-139. DOI: https://doi.org/10.1007/s12010-018-2811-6

Mosallam, F. M., G. S. El-Sayyad, R. M. Fathy e A. I. El-Batal (2018). **Síntese mediada por biomoléculas de nanopartículas de selênio usando extrato de tremoço fermentado por *Aspergillus oryzae* e radiação gama para impedir o crescimento de algumas bactérias multirresistentes e fungos patogênicos**. Microb Pathog **122**: 108-116. DOI: https: //doi.org/ 10.1016/j.micpath.2018.06.013

MubarakAli, D., J. Arunkumar, K. H. Nag, K. A. SheikSyedIshack, E. Baldev,

D. Pandiaraj e N. Thajuddin (2013). **Nanopartículas de ouro de microrganismos fotossintéticos pró e eucarióticos - estudos comparativos sobre síntese e sua aplicação em biolabelling**. Colloids Surf B Biointerfaces **103**: 166-173. DOI: https://doi.org/10.1016Zj.colsurfb.2012.10.014

Muhling, M., A. Belay e B. A. Whitton (2005). **Variação na composição de ácidos gordos de estirpes de Arthrospira (Spirulina)**. Journal of Applied Phycology **17**(2): 137-146. DOI: https://doi.org/10.1007/s10811-005- 7213-9

Nair, S. e B. V. Bhimba (2013). **Potência bioactiva das cianobactérias *Oscillatoria* spp**. Jornal Internacional de Farmácia e Ciências Farmacêuticas **5**(2): 611-612. DOI:

Nasrollahzadeh, M., S. M. Sajadi, Z. Issaabadi e M. Sajjadi (2019). **Fontes biológicas utilizadas na nanotecnologia verde**. Uma introdução à nanotecnologia verde. M. Nasrollahzadeh, S. M. Sajadi, M. Sajjadi, Z. Issaabadi e M. Atarod, Elsevier. **28:** 81-111. DOI: https://doi.org/10.1016/b978-0-12-813586-0.00003-1

Nasseri, A. T., S. Rasoul-Ami, M. H. Morowvat e Y. Ghasemi (2011). **Proteína de célula única: Produção e Processo**. Jornal Americano de Tecnologia Alimentar **6**(2): 103-116. DOI: https://doi.org/10.3923/ajft.2011.103.116

Nicodemou, A., M. Kallis, A. Agapiou, A. Markidou e M. Koutinas (2022). **O efeito dos modos tróficos na produção de biomassa e lipídios de Cinco estirpes de microalgas**. Água **14**(2): 240. DOI: https://doi.org/10.3390/w14020240

Njezic, Z. B., M. D. Kostic, B. D. Marie, O. S. Stamenkovic, O. D. Simurina, J. Krstic e V B. Veljkovic (2023). **Cinética e otimização da produção de biodiesel a partir de óleo de colza sobre bolo de filtro de resíduos calcinados da fábrica de processamento de beterraba sacarina**. Fuel **334**: 126581. DOI: https://doi.org/10.1016Zj.fuei.2022.126581

Norena-Caro, D. e M. G. Benton (2018). **Cianobactérias como biofábricas fotoautotróficas de produtos químicos de alto valor**. Jornal de Utilização de CO2 **28**: 335-366. DOI: https://doi.org/10.1016/j.jcou.2018.10.008

Nur, M. M. A., S. D. Rahmawati, I. W. Sari, Z. Achmad, T. M. Setyoningrum, D. Jaya, S. W. Murni e I. N. Djarot (2023). **Aumento da produção de ficocianina e carboidratos de Spirulina platensis crescendo em águas residuais de tofu, empregando condições de cultivo mixotrófico**. Biocatálise e Biotecnologia Agrícola **47**: 102600. DOI: https://doi.org/10.1016/j.bcab.2023.102600

Nyyssola, A., A. Suhonen, A. Ritala e K. M. Oksman-Caldentey (2022). **O papel da proteína de célula única na agricultura celular**. Curr Opin Biotechnol **75**: 102686. DOI: https://doi.org/10.1016/j.copbio.2022.102686

Ogawa, T., M. Misumi e K. Sonoike (2017). **Estimativa da fotossíntese em cianobactérias por fluorescência da clorofila com modulação de amplitude de pulso: problemas e soluções**. Photosynth Res **133**(1-3): 6373. DOI:

https://doi.org/10.1007/s11120-017-0367-x

Oliver, N. J., C. A. Rabinovitch-Deere, A. L. Carroll, N. E. Nozzi, A. E. Case e S. Atsumi (2016). **Engenharia metabólica cianobacteriana para produção de biocombustíveis e produtos químicos**. Curr Opin Chem Biol **35**: 43-50. DOI: https://doi.org/10.1016/j.cbpa.2016.08.023

Ozdemir, E., D. Duranoglu, U. Beker e A. O. Avci (2011). **Otimização de processos para adsorção de Cr (VI) em carvões ativados por projeto experimental**. Chemical Engineering Journal **172**(1): 207-218. DOI: https://doi.org/10.1016/j.ce j.2011.05.091

Pandey, S., N. Awasthee, A. Shekher, L. C. Rai, S. C. Gupta e S. K. Dubey (2021). **Síntese biogênica e caraterização de nanopartículas de selênio e suas aplicações com especial referência à atividade antibacteriana, antioxidante, anticâncer e fotocatalítica**. Bioprocess Biosyst Eng **44**(12): 2679-2696. DOI: https://doi.org/10.1007/s00449-021 -02637-0

Pandey, S., L. C. Rai e S. K. Dubey (2022). **Cianobactérias: fábricas em miniatura para a síntese verde de nanomateriais metálicos: uma revisão**. Biometals **35**(4): 653-674. DOI: https://doi.org/10.1007/s10534-022- 00405-5

Parsons, J., J. Peralta-Videa e J. Gardea-Torresdey (2007). **Utilização de plantas na biotecnologia: síntese de nanopartículas metálicas por tecidos vegetais inactivados, extractos de plantas e plantas vivas**. Desenvolvimentos em ciências ambientais **5**: 463-485. DOI: https://doi.org/10.1016/S1474-8177(07)05021-8

Pelizer, L. H., E. D. G. Danesi, C. d. O. Rangel, C. E. N. Sassano, J. C. M. Carvalho, S. Sato e I. O. Moraes (2003). **Influência da idade e concentração do inóculo no cultivo de *Spirulina platensis***. Journal of Food Engineering **56**(4): 371-375. DOI: https://doi.org/10.1016/s0260- 8774(02)00209-1

Piorreck, M., K.-H. Baasch e P. Pohl (1984). **Produção de biomassa, proteínas totais, clorofilas, lípidos e ácidos gordos de algas verdes e azuis de água doce sob diferentes regimes de azoto**. Phytochemistry **23**(2): 207-216. DOI: https://doi.org/10.1016/s0031-9422(00)80304-0

Pizzino, G., N. Irrera, M. Cucinotta, G. Pallio, F. Mannino, V. Arcoraci, F. Squadrito, D. Altavilla e A. Bitto (2017). **Stress oxidativo: Danos e benefícios para a saúde humana**. Oxid Med Cell Longev **2017**: 8416763. DOI: https://doi.org/10.1155/2017/8416763

Pleonsil, P., S. Soogarun e Y. Suwanwong (2013). **Atividade antioxidante da holo- e apo-c-ficocianina e seus efeitos protetores nos eritrócitos humanos**. Int J Biol Macromol **60**: 393-398. DOI: https://doi.org/10.1016Zj.ijbiomac.2013.06.016

Prabuthas, P., P. P. Srivastav e H. N. Mishra (2011). **Otimização de factores ambientais utilizando RSM para o cultivo de *Spirulina platensis***. Nutrição e Ciência dos Alimentos **41**(3): 175-182. DOI: https://doi.org/10.1108/00346651111132448

Prado, R. d. M., G. Caione e C. N. S. Campos (2013). **Torta de filtro e vinhaça como fertilizantes contribuindo para a agricultura de conservação**. Ciência do Solo Aplicada e Ambiental **2013**: 1-8. DOI: https://doi.org/10.1155/2013/581984

Pumas, C., Y. Peerapornpisal, P. Vacharapiyasophon, P. Leelapornpisid, W. Boonchum, M. Ishii e C. Khanongnuch (2012). **Purificação e caraterização de uma ficoeritrina termoestável da cianobactéria de fonte quente *Leptolyngbya* sp. KC45**. Revista Internacional de Agricultura e Biologia **14**(1). DOI:

Qi, H., J. Wang e Z. Wang (2013). **Um estudo comparativo do rendimento quântico máximo do fotossistema II para determinar a limitação de azoto e fósforo em duas algas marinhas**. Journal of Sea Research **80**: 1-11. DOI: https://doi.Org/10.1016/j.seares.2013.02.007

RafiquI, I. M., A. Hassan, G. Sulebele, C. A. Orosco, P. Roustaian e K. Azam (2002). **The Influence of Light Intensity on Growth and Biochemical Constituents of Spiruuna**. Estudos da Universidade de Khulna: 754-756. DOI: https://doi.Org/10.53808/kus.2002.4.2.0332-l

Rajishamol, M., S. Lekshmi, K. Vijayalakshmy e A. Saramma (2016). **Atividade antioxidante de cianobactérias isoladas do estuário de Cochin**. DOI:

Ramamurthy, C., K. S. Sampath, P. Arunkumar, M. S. Kumar, V. Sujatha, K. Premkumar e C. Thirunavukkarasu (2013). **Síntese verde e caraterização de nanopartículas de selênio e sua citotoxicidade aumentada com doxorrubicina em células cancerígenas**. Bioprocess Biosyst Eng **36**(8): 1131-1139. DOI: https://doi.org/10.1007/s00449-012- 0867-1

Rangel-Yagui Cde, O., E. D. Danesi, J. C. de Carvalho e S. Sato (2004). **Produção de clorofila a partir de Spirulina platensis: cultivo com adição de ureia por processo fed-batch**. Bioresour Technol **92**(2): 133141. DOI: https://doi.org/10.1016/j.biortech.2003.09.002

Raoof, B. (2002). **Standrdization of Growth Parameters for Outdoor Biomass Production of *Spirulina***, IARI, Division of Microbiology, New Delhi DOI:

Raoof, B., B. D. Kaushik e R. Prasanna (2006). **Formulação de um meio de baixo custo para a produção em massa de *Spirulina***. Biomassa e Bioenergia **30**(6): 537-542. DOI: https://doi.org/10.1016/j.biombioe.2005.09.006

Rausch, T. (1981). **A estimativa do teor de proteínas das microalgas e o seu significado para a avaliação da biomassa de algas I. Comparação de métodos de extração de proteínas**. Hydrobiologia **78**(3): 237-251. DOI: https://doi.org/10.1007/bf00008520

Reihani, S. F. S. e K. Khosravi-Darani (2019). **Fatores de influência na produção de proteína unicelular por fermentação submersa: Uma revisão**. Revista eletrónica de biotecnologia **37**: 34-40. DOI: https://doi.org/10.1016/j.e jbt.2018.11.005

Richa, K. V., M. Kesheri, G. Singh e R. Sinha (2011). **Potenciais biotecnológicos das ficobiliproteínas**. Int J Pharma Bio Sci **2**: 446-454. DOI:

Richmond, A. (2017). **Culturas em massa ao ar livre de microalgas**. Manual de Cultura de Massa Microalgal (1986), CRC Press: 285-330. DOI:

Richmond, A. e Q. Hu (2013). **Handbook of Microalgal Culture**, John Wiley & Sons DOI: https://doi.org/10.1002/9781118567166

Rizzo, F., G. Zucchelli, R. Jennings e S. Santabarbara (2014). **Dependência do comprimento de onda da emissão de fluorescência em condições de centros de reação do fotossistema II abertos e fechados na alga verde Chlorella sorokiniana**. Biochim Biophys Ata **1837**(6): 726-733. DOI: https://doi.org/10.1016/j.bbabio.2014.02.009

Rodrigues, M. S., L. S. Ferreira, A. Converti, S. Sato e J. C. Carvalho (2010). **Cultivo em regime de fed-batch de Arthrospira (Spirulina) platensis: nitrato de potássio e cloreto de amónio como fontes simultâneas de azoto**. Bioresour Technol **101**(12): 4491-4498. DOI: https://doi.org/10.1016/j.biortech.2010.01.054

Romay, C., R. Gonzalez, N. Ledon, D. Remirez e V. Rimbau (2003). **C-ficocianina: uma biliproteína com efeitos antioxidantes, anti-inflamatórios e neuroprotectores**. Curr Protein Pept Sci **4**(3): 207-216. DOI: https://doi.org/10.2174/1389203033487216

Saad, S., M. H. Hussien, G. S. Abou-ElWafa, H. S. Aldesuquy e E. Eltanahy (2023). **Extrato de bolo de filtro da indústria do açúcar de beterraba como meio de crescimento económico para a produção de *Spirulina platensis* como uma fábrica de células microbianas para proteínas**. Microb Cell Fact **22**(1): 136. DOI: https://doi.org/10.1186/s12934-023-02146-7

Sahu, D., I. Priyadarshani e B. Rath (2012). **Cyanobacteria-as potential biofertilizer**. CIBTech Journal of Microbiology **1**(2-3): 20-26. DOI:

Salem, S. S., M. Badawy, A. A. Al-Askar, A. A. Arishi, F. M. Elkady e A. H. Hashem (2022). **Biossíntese verde de nanopartículas de selênio usando resíduos de casca de laranja: Caracterização, Actividades Antibacterianas e Antibiofilme contra Bactérias Multidroga-Resistentes**. Life (Basel) **12**(6): 893. DOI: https://doi.org/10.3390/life12060893

Salem, S. S. e A. Fouda (2021). **Síntese verde de nanopartículas metálicas e suas aplicações biotecnológicas prospectivas: uma visão geral**. Biol Trace Elem Res **199**(1): 344-370. DOI: https://doi.org/10.1007/s12011-020-02138-3

Sanchez, M., J. Bernal-Castillo, C. Rozo e I. Rodriguez (2003). **Spirulina (Arthrospira): um micro-organismo comestível: uma revisão**. Universitas Scientiarum **8**(1): 7-24. DOI:

Saran, S., G. Sharma, M. Kumar e M. Ali (2017). **Biossíntese de nanopartículas de óxido de cobre usando cianobactérias *spirulina platensis* e sua atividade antibacteriana**. Jornal Internacional de Ciências Farmacêuticas e Investigação **8**(9): 3887-3892. DOI: https://doi.org/10.13040/ijpsr.0975-8232.8(9).3887-92

Saranraj, P., D. Stella, G. Usharani e S. Sivasakthi (2013). **Reciclagem eficaz de cinzas volantes de lignite para o cultivo em laboratório de algas verdes azuis - *Spirulina platensis***. Intl. J **4**(3): 219-226. DOI:

Saranya, T., S. Ramya, K. Kavithaa, M. Paulpandi, Y.-P. Cheon, S. Harysh Winster, V. Balachandar e A. Narayanasamy (2022). **Síntese Verde de**

Nanopartículas de Selênio Usando Extrato de Fruta *Solanum nigrum* e sua Eficácia Anticâncer Contra Câncer de Mama Triplo Negativo. Journal of Cluster Science **34**(4): 1709-1719. DOI: https://doi.org/10.1007/s10876-022-02334-2

Schipper, K., F. Fortunati, P. C. Oostlander, M. Al Muraikhi, H. M. S. J. Al Jabri, R. H. Wijffels e M. J. Barbosa (2020). **Produção de ficocianina por *Leptolyngbya* sp. em ambientes desérticos**. Algal Research **47**: 101875. DOI: https://doi.Org/10.1016/j.algal.2020.101875

Schluchter, W. M., G. Shen, R. M. Alvey, A. Biswas, N. A. Saunee, S. R. Williams, C. A. Mille e D. A. Bryant (2010). **Biossíntese de ficobiliproteínas em cianobactérias: Estrutura e Função de Enzimas Envolvidas na Modificação Pós-Translacional**. Recent Advances in Phototrophic Prokaryotes, Nova Iorque, NY, Springer New York. DOI: https://doi.org/10.1007/978-1-4419-1528-3 12

Sekar, S. e M. Chandramohan (2007). **Phycobiliproteins as a commodity: trends in applied research, patents and commercialization**. Journal of Applied Phycology **20**(2): 113-136. DOI: https://doi.org/10.1007/s10811-007-9188-1

Selvendran, D. (2015). **Produção de biomassa de algas em grande escala (*Spirulina*) na Índia**. Biorefinaria de Algas: An Integrated Approach. D. Das. Cham, Springer International Publishing: 151-167. DOI: https://doi.org/10.1007/978-3-319-22813-6 7

Setyoningrum, Tutik M. e M. M. A. Nur (2015). **Otimização da produção de C-ficocianina de *S. platensis* cultivada em condições mixotróficas usando a metodologia de superfície de resposta**. Biocatálise e Biotecnologia Agrícola **4**(4): 603-607. DOI: https://doi.org/10.1016/j.bcab.2015.09.008

Seyhaneyildiz Can, S., E. Koru e S. Cirik (2017). **Efeito da temperatura e da concentração de nitrogênio no crescimento e no conteúdo lipídico de *Spirulina platensis* e na produção de biodiesel**. Aquaculture International **25**(4): 1485-1493. DOI: https://doi.org/10.1007/s10499-017-0121-6

Shah, M., D. Fawcett, S. Sharma, S. K. Tripathy e G. E. J. Poinern (2015). **Síntese Verde de Nanopartículas Metálicas via Entidades Biológicas**. Materiais (Basileia) **8**(11): 7278-7308. DOI: https://doi.org/10.3390/ma8115377

Shahabadi, N., S. Zendehcheshm e F. Khademi (2021). **Nanopartículas de selénio: Síntese, citotoxicidade in-vitro, atividade antioxidante e estudos de interação com ct-DNA e proteínas séricas HSA, HHb e Cyt c**. Biotechnol Rep (Amst) **30**: e00615. DOI: https://doi.Org/10.1016/j.btre.2021.e00615

Shahid, M., M. S. Butt, M. K. Sharif e S. Bashir (2016). **Propriedades funcionais e perfil de aminoácidos de isolados de proteínas de Spirulina platensis**. Ciências Biológicas - PJSIR **59**(1): 12-19. DOI: https://doi.org/10.52763/pjsir.Biol.Sci.59.1.2016.12.19

Shanthi, G., M. Premalatha e N. Anantharaman (2021). **Potencial utilização de resíduos de peixe para a produção sustentável de microalgas ricas em proteínas renováveis e *ficocianina-Arthrospira*** *platensis/Spirulina*. Journal of Cleaner Production **294**: 126106. DOI: https://doi.org/10.1016/j.jclepro.2021.126106

Sharma, G., A. R. Sharma, R. Bhavesh, J. Park, B. Ganbold, J. S. Nam e S. S. Lee (2014). **Síntese mediada por biomoléculas de nanopartículas de selênio usando extrato seco de *Vitis vinifera* (uva passa)**. Molecules **19**(3): 2761-2770. DOI: https://doi.org/10.3390/molecules19032761

Shivaji, S., S. Madhu e S. Singh (2011). **Síntese extracelular de nanopartículas de prata antibacterianas utilizando bactérias psicrófilas**. Bioquímica de Processos **46**(9): 1800-1807. DOI: https://doi.org/10.1016/j.procbio.2011.06.008

Silva, G. A. (2004). **Introdução à nanotecnologia e suas aplicações na medicina**. Cirurgia Neurológica **61**(3): 216-220. DOI: https://doi.org/10.1016/j.sumeu.2003.09.036

Silveira, S. T., J. F. Burkert, J. A. Costa, C. A. Burkert e S. J. Kalil (2007). **Otimização da extração de ficocianina de *Spirulina platensis* utilizando um desenho fatorial**. Bioresour Technol **98**(8): 1629-1634. DOI: https: //doi.org/ 10.1016/j .biortech.2006.05.050

Singh, R. K., S. P. Tiwari, A. K. Rai e T. M. Mohapatra (2011). **Cyanobacteria: uma fonte emergente para a descoberta de medicamentos**. J Antibiot (Tóquio) **64**(6): 401-412. DOI: https://doi.org/10.1038/ja.2011.21

Singh, Y., S. Kaushal e R. S. Sodhi (2020). **Síntese biogénica de nanopartículas de prata utilizando extrato livre de células da cianobactéria *Leptolyngbya* sp. WUC 59 e seus efeitos no crescimento bacteriano e nas sementes germinação**. Nanoscale Adv **2**(9): 3972-3982. DOI: https://doi.org/10.1039/d0na00357c

Skorupskaite, V., V. Makareviciene e D. Levisauskas (2015). **Otimização do cultivo mixotrófico de microalgas *Chlorella* sp. para produção de biocombustível usando metodologia de superfície de resposta**. Algal Research **7**: 45-50. DOI: https://doi.Org/10.1016/j.algal.2014.12.001

Slade, R. e A. Bauen (2013). **Cultivo de microalgas para biocombustíveis: Custo, balanço energético, impactos ambientais e perspectivas futuras**. Biomassa e Bioenergia **53**: 29-38. DOI: https://doi.org/10.1016Zj.biombioe.2012.12.019

Sliwinska-Wilczewska, S., A. Cieszynska, M. Konik, J. Maculewicz e A. Latata (2019). **Fatores ambientais de cianobactérias formadoras de flores no Mar Báltico: Efeitos da salinidade, temperatura e irradiância**. Ciência Estuarina, Costeira e de Plataforma **219**: 139-150. DOI: https://doi.org/10.1016/j.ecss.2019.01.016

Solaimalai, A., M. Baskar, P. Ramesh e N. Ravisankar (2001). **Utilização de lama de prensa como emenda do solo e adubo orgânico - uma revisão**. Agricultural Reviews **22**(1): 25-32. DOI:

Sonani, R. R., R. P. Rastogi, R. Patel e D. Madamwar (2016). **Avanços recentes na produção, purificação e aplicações de ficobiliproteínas**. World J Biol Chem **7**(1): 100-109. DOI:

https://doi.org/10.4331/wjbc.v7.i1.100

Soni, R. A., K. Sudhakar e R. S. Rana (2019). **Estudo comparativo sobre o desempenho de crescimento da *Spirulina platensis* na modificação de meios de cultura**. Relatórios de Energia **5**: 327-336. DOI: https://doi.org/10.1016/j.egyr.2019.02.009

Sridhar, K. e A. L. Charles (2019). **Atividade antioxidante in vitro de extratos de uva Kyoho em ensaios DPPH e ABTS: Métodos de estimativa para EC (50) usando programas estatísticos avançados**. Food Chem **275**: 4149. DOI: https://doi.org/10.1016/j.foodchem.2018.09.040

Srivastava, N. e M. Mukhopadhyay (2015). **Biossíntese e caraterização estrutural de nanopartículas de selênio usando *Gliocladium roseum***. Jornal de Ciência de Cluster **26**(5): 1473-1482. DOI: https://doi.org/10.1007/s10876-014-0833-y

Srivastava, N. e M. Mukhopadhyay (2015). **Síntese verde e caraterização estrutural de nanopartículas de selénio e avaliação da sua propriedade antimicrobiana**. Bioprocess Biosyst Eng **38**(9): 1723-1730. DOI: https://doi.org/10.1007/s00449-015-1413-8

Stadnichuk, I. N. e I. V. Tropin (2017). **Fitobiliproteínas: Estrutura, funções e aplicações biotecnológicas**. Applied Biochemistry and Microbiology **53**(1): 1-10. DOI: https://doi.org/10.1134/s0003683817010185

Stirbet, A., D. Lazar, G. C. Papageorgiou e Govindjee (2019). **Fluorescência da clorofila a em cianobactérias: Relação com a fotossíntese**. Cyanobacteria, Elsevier: 79-130. DOI: https://doi.org/10.1016/b978- 0-12-814667-5.00005-2

Sugashini, S. e K. M. M. S. Begum (2012). **Otimização usando design composto central (CCD) para a biossorção de íons Cr (VI) por casca de arroz carbonizada com quitosana reticulada (CCACR)**. Tecnologias Limpas e Política Ambiental **15**(2): 293-302. DOI: https://doi.org/10.1007/s10098-012-0512-3

Tandeau de Marsac, N. (2003). **Fitobiliproteínas e ficobilisomas: as primeiras observações**. Photosynth Res **76**(1-3): 193-205. DOI: https://doi.org/10.1023/A:1024954911473

Tang, D., S. Shi, D. Li, C. Hu e Y. Liu (2007). **Respostas fisiológicas e bioquímicas de *Scytonema javanicum* (cianobactéria) ao stress salino**. Jornal de Ambientes Áridos **71**(3): 312-320. DOI: https: //doi.org/ 10.1016/j .jaridenv.2007.05.004

Thangam, R., V. Suresh, W. Asenath Princy, M. Rajkumar, N. Senthilkumar, P. Gunasekaran, R. Rengasamy, C. Anbazhagan, K. Kaveri e S. Kannan (2013). **C-Phycocyanin de *Oscillatoria tenuis* exibiu uma atividade antioxidante e antiproliferativa in vitro através da indução de apoptose e paragem do ciclo celular G0/G1**. Food Chem **140**(1-2): 262-272. DOI: https: //doi.org/ 10.1016/j.foodchem.2013.02.060

Thevarajah, B., G. K. S. H. Nishshanka, M. Premaratne, P. H. V. Nimarshana, D. Nagarajan, J.-S. Chang e T. U. Ariyadasa (2022). **Produção em larga escala de proteínas à base de Spirulina e c-ficocianina: Uma abordagem de**

biorefinaria. Biochemical Engineering Journal **185**: 108541. DOI: https://doi.org/10.1016/j.bej.2022.108541

Tiwari, A. e D. Sharma (2013). **Atividade antibacteriana de cianobactérias formadoras de floração contra micróbios patogênicos humanos clinicamente isolados**. Jornal de Utilização de Biomassa de Algas **4**(1): 83-89. DOI:

Trabelsi, L., A. Mnari, M. M. Abdel-Daim, S. Abid-Essafi e L. Aleya (2016). **Propriedades terapêuticas nas fontes termais da Tunísia: primeira evidência de compostos fenólicos na cianobactéria *Leptolyngbya* sp. biomassa, polissacarídeos capsulares e polissacarídeos de liberação**. BMC Complemento Médico Alternativo **16**(1): 515. DOI: https://doi.org/10.1186/s12906-016-1492-3

Tran, P. A., N. O'Brien-Simpson, E. C. Reynolds, N. Pantarat, D. P. Biswas e A. J. O'Connor (2016). **Nanopartículas de selénio de oligoelementos pouco citotóxicos e as suas propriedades antimicrobianas diferenciais contra *S. aureus* e *E. coli*.** Nanotecnologia **27**(4): 045101. DOI: https://doi.Org/10.1088/0957-4484/27/4/045101

Tugarova, A. V., P. V. Mamchenkova, Y. A. Dyatlova e A. A. Kamnev (2018). **Estudos espectroscópicos FTIR e Raman de nanopartículas de selênio sintetizadas pela bactéria *Azospirillum thiophilum*.** Spectrochim Ata A Mol Biomol Spectrosc **192**: 458-463. DOI: https://doi.org/10.1016Zj.saa.2017.11.050

Ukaegbu-Obi, K. M. (2016). **Proteína de célula única: Um recurso para o desafio global de proteínas e gestão de resíduos**. Jornal de Microbiologia e Tecnologia Microbiana **1**(1): 5. DOI: https://doi.org/10.13188/2474-4530.1000006

Usharani, G., P. Saranraj e D. Kanchana (2012). **Cultivo de *Spirulina*: Uma revisão.** Int J Pharm Biol Arch **3**(6): 1327-1341. DOI:

Uslu, L., O. Isik, K. Koc e T. Goksan (2011). **Os efeitos das deficiências de azoto nos teores de lípidos e proteínas da *Spirulina platensis*.** Jornal Africano de Biotecnologia **10**(3): 386-389. DOI:

Valenzuela B, A., J. Sanhueza e S. Nieto (2007). **Antioxidantes naturais em alimentos funcionais: da segurança alimentar aos benefícios para a saúde**. Grasas y Aceites **54**(3): 295-303. DOI: https://doi.org/10.3989/gya.2003.v54.i3.245

Vijayakumar, S. e M. Menakha (2015). **Aplicações farmacêuticas de cianobactérias - uma revisão**. Jornal de Medicina Aguda **5**(1): 15-23. DOI: https://doi.org/10.1016/j.jacme.2015.02.004

Vonshak, A. (1997). **Spirulina Platensis Arthrospira**, CRC press DOI: https://doi.org/10.1201/9781482272970

Vonshak, A., A. Abeliovich, S. Boussiba, S. Arad e A. Richmond (1982). **Produção de biomassa de spirulina: Efeitos de factores ambientais e densidade populacional**. Biomassa **2**(3): 175-185. DOI: https://doi.org/10.1016/0144-4565(82)90028-2 ?

Vonshak, A., G. Torzillo, P. Accolla e L. Tomaselli (2006). **Stress de luz e**

oxigénio em *Spirulina platensis* (cianobactéria) cultivada ao ar livre em reactores tubulares. Physiologia Plantarum **97**(1): 175-179. DOI: https://doi.org/10.1111/j.1399-3054.1996.tb00494.x

Wadhwani, S. A., M. Gorain, P. Banerjee, U. U. Shedbalkar, R. Singh, G. C. Kundu e B. A. Chopade (2017). **Síntese verde de nanopartículas de selênio usando Acinetobacter sp. SW30: otimização, caraterização e sua atividade anticâncer em células de câncer de mama**. Int J Nanomedicine **12**: 6841-6855. DOI: https://doi.org/10.2147/IJN.S139212

Wadhwani, S. A., U. U. Shedbalkar, R. Singh e B. A. Chopade (2016). **Nanopartículas biogénicas de selénio: estado atual e perspectivas futuras**. Appl Microbiol Biotechnol **100**(6): 2555-2566. DOI: https://doi.org/10.1007/s00253-016-7300-7

Wan, M., P. Liu, J. Xia, J. N. Rosenberg, G. A. Oyler, M. J. Betenbaugh, Z. Nie e G. Qiu (2011). **O efeito da mixotrofia no crescimento de microalgas, conteúdo lipídico e níveis de expressão de três genes de vias em Chlorella sorokiniana**. Appl Microbiol Biotechnol **91**(3): 835-844. DOI: https://doi.org/10.1007/s00253-011-3399-8

Wang, L., C. Hu e L. Shao (2017). **A atividade antimicrobiana das nanopartículas: situação atual e perspectivas para o futuro**. Int J Nanomedicine **12**: 1227-1249. DOI: https://doi.org/10.2147/IJN.S121956

Wang, Y., X. Shu, Q. Zhou, T. Fan, T. Wang, X. Chen, M. Li, Y. Ma, J. Ni, J. Hou, W. Zhao, R. Li, S. Huang e L. Wu (2018). **Redução de Selenito e Biogênese de Nanopartículas de Selênio por Alcaligenesfaecalis Se03 Isolado do Intestino de Monochamus alternatus (Coleoptera: Cerambycidae)**. Int J Mol Sci **19**(9): 2799. DOI: https://doi.org/10.3390/ijms19092799

Wang, Z. (2000). **Microscopia eletrónica de transmissão de nanocristais com forma controlada e seus conjuntos**, ACS Publications. **104:** 11531175 DOI: https://doi.org/10.1021/jp993593c

Whitton, B. A. (2012). **Ecology of Cyanobacteria II**, Springer Science & Business Media DOI: https://doi.org/10.1007/978-94-007-3855-3

Wu, J. F. e W. G. Pond (1981). **Composição de aminoácidos e contaminação microbiana de Spirulina maxima, uma alga azul-verde, cultivada no efluente de diferentes resíduos animais fermentados**. Bull Environ Contam Toxicol **27**(2): 151-159. DOI: https://doi.org/10.1007/BF01611001

Xu, X., A. Liu, S. Hu, I. Ares, M. R. Martinez-Larranaga, X. Wang, M. Martinez, A. Anadon e M. A. Martinez (2021). **Antioxidantes fenólicos sintéticos: Metabolismo, perigos e mecanismo de ação**. Alimentos Química **353**: 129488. DOI: https://doi.Org/10.1016/j.foodchem.2021.129488

Yang, F., Q. Tang, X. Zhong, Y. Bai, T. Chen, Y. Zhang, Y. Li e W. Zheng (2012). **A decoração da superfície por polissacarídeo de Spirulina aumenta**

a absorção celular e a eficácia anticancerígena das nanopartículas de selénio. Int J Nanomedicine **7**: 835-844. DOI: https://doi.org/10.2147/IJN.S28278
Yap, P., A. Jain e D. Trau (2018). **Determinação da biomassa em culturas de *Spirulina* por fotopeta**. Nota de Aplicação de Ciências da Vida **50**: 1-3. DOI:
Yew, G. Y., B. K. Puah, K. W. Chew, S. Y. Teng, P. L. Show e T. H. P. Nguyen (2020). **Cultivo *de Chlorella vulgaris* FSP-E em melaço residual: Estimativa de foto-para-propriedade por inteligência artificial**. Jornal de Engenharia Química **402**: 126230. DOI: https://doi.org/10.1016/j.cej.2020.126230
Yilmaz, M. T., H. ispirli, O. Taylan e E. Dertli (2021). **Uma nanobiossíntese verde de nanopartículas de selênio com extrato de estragão: caraterização estrutural, térmica e antimicrobiana**. Lwt **141**: 110969. DOI: https://doi.org/10.1016Zj.lwt.2021.110969
Younis, N. S., M. E. Mohamed e N. A. El Semary (2022). **Síntese Verde de Nanopartículas de Prata pela Cianobactéria Synechocystis sp: Caracterização, acções antimicrobianas e de cicatrização de feridas diabéticas**. Mar Drugs **20**(1): 56. DOI: https://doi.org/10.3390/md20010056
Yu, H., S. Jia e Y. Dai (2008). **Caraterísticas de crescimento da cianobactéria *Nostoc flagelliforme* em cultivo fotoautotrófico, mixotrófico e heterotrófico**. Journal of Applied Phycology **21**(1): 127133. DOI: https://doi.org/10.1007/s10811-008-9341-5 '
Zare, B., S. Babaie, N. Setayesh e A. R. Shahverdi (2013). **Isolamento e caraterização de um fungo para síntese extracelular de pequenas nanopartículas de selénio**. Revista de nanomedicina **1**(1): 13-19. DOI:
Zarrinmehr, M. J., O. Farhadian, F. P. Heyrati, J. Keramat, E. Koutra, M. Kornaros e E. Daneshvar (2020). **Efeito da concentração de nitrogênio na taxa de crescimento e composição bioquímica da microalga, *Isochrysis galbana***. Egyptian Journal of Aquatic Research **46**(2): 153158. DOI: https://doi.org/10.1016/j.ejar.2019.11.003
Zarrouk, C. (1966). **Contribution a l'etude d'une Cyanophycee. Influência de Diversos Factores Físicos e Químicos sobre o crescimento e a fotossíntese de *Spirulina mixima***. Tese. Universidade de Paris, França. DOI:
Zhai, J., X. Li, W. Li, M. H. Rahaman, Y. Zhao, B. Wei e H. Wei (2017). **Otimização da produção de biomassa e remoção de nutrientes por *Spirulina platensis* de águas residuais municipais**. Engenharia Ecológica **108**: 83-92. DOI: https: //doi.org/ 10.1016/j.ecoleng.2017.07.023
Zhan, J., J. Rong e Q. Wang (2017). **Cultivo mixotrófico, um modo de cultivo de microalgas preferível para a produção de biomassa/bioenergia e biorremediação, avanços e perspetivas**. Jornal Internacional de Energia de Hidrogénio **42**(12): 8505-8517. DOI: https://doi.org/ 10.1016/j.ijhydene.2016.12.021
Zhang, H., H. Zhou, J. Bai, Y. Li, J. Yang, Q. Ma e Y. Qu (2019). **Biossíntese**

de nanopartículas de selênio mediadas pelo fungo Mariannaea sp. HJ e sua caraterização. Colóides e superfícies A: Aspectos físico-químicos e de engenharia **571**: 9-16. DOI: https://doi.org/10.1016/j.colsurfa.2019.02.070

Zhou, T., J. Wang, H. Zheng, X. Wu, Y. Wang, M. Liu, S. Xiang, L. Cao, R. Ruan e Y. Liu (2018). **Caracterização de iões de zinco adicionais no crescimento, composição bioquímica e desempenho fotossintético de *Spirulina platensis***. Bioresour Technol **269**: 285-291. DOI: https: //doi.org/ 10.1016/j.biortech.2018.08.131

Zittelli, G. C., N. Biondi, L. Rodolfi e M. R. Tredici (2013). **Fotobiorreactores para a produção em massa de microalgas**. Handbook of microalgal culture: applied phycology and biotechnology: 225-266. DOI: https://doi.org/10.1002/9781118567166.ch13

الملخص العربي

هدفت هذه الدراسة إلى زراعة البكتيريا الزرقاء بطريقة اقتصادية باستخدام مخلفات كعكة مرشح البنجر الناتجة عن صناعة السكر. تضمن الجزء الأول إنتاج بروتين وحيد الخلية على نطاق واسع من سبيرولينا بلاتنسيس باستخدام مستخلص كعكة مرشح البنجر (BFCE) كوسيط بديل لوسط زروق من خلال عوامل الزراعة الأمثل. أما الجزء الثاني فيشمل زراعة بكتيريا زرقاء أخرى من نوع لبتولينبيا .على BFCE واستخدم مستخلص الفيكوسيانين الخام لتصنيع جسيمات السيلينيوم النانوية، وتوصيفها بتقنيات مختلفة ومن تم تطبيقها في القطاع البيولوجي.

تم إنتاج بروتين سبيرولينا بلاتنسيس من خلال ثلاث خطوات: زراعة سبيرولينا بلاتنسيس بنظامين، الزراعة المباشرة لـ سبيرولينا بلاتنسيس على BFCE بتركيزات مختلفة لمدة أسبوع واحد والثانية عن طريق وضع التكيف من خلال إخضاع سبيرولينا بلاتنسيس إلى زيادة تدريجية في تركيز BFCE لمدة شهر واحد. من هذه التجارب، تم استنتاج أن ارتفاع BFCE أدى إلى انخفاض كبير في محتوى البروتين والأصباغ والوزن الجاف ولكن كان له تأثير غير نوعي على محتوى الدهون. يعد تحسين عوامل الزراعة التي تؤثر على المنتج محل الاهتمام أمرًا ضروريًا للارتقاء من نطاق المختبر إلى الأحواض المفتوحة في الهواء الطلق. ولذلك، فإن الخطوة الثانية هي تحسين العوامل التي تؤثر على محتوى البروتين، مثل $NaNO_3$ ، و$NaHCO_3$، وBFCE، ودرجة الحموضة، باستخدام CCD في برنامج .Minitab© صمم هذا البرنامج مصفوفة مكونة من 31 عملية تم تنفيذها تجريبيا. تم إجراء تحليل التباين لتحديد العوامل المهمة، وكذلك التنبؤ بمستويات العوامل التي أعطت أقصى استجابة. يتكون تشغيل التنبؤ هذا من 2.5 $NaNO_3$ جم/لتر، 0.678 $NaHCO_3$جم/لتر، 33.08% BFCEودرجة الحموضة تساوي ثمانية. بعد التحقق من صحة التنبؤ تجريبيًا في المختبر، يجب التحقق من صحته في الأحواض المفتوحة. لذلك، كانت الخطوة الثالثة هي زراعة سبيرولينا بلاتنسيس على وسط BFCE الأمثل مقارنة بوسط زروق في الاحواض المفتوحة. كان محتوى البروتين 52.58% و55.11% في وسط BFCE الأمثل وزروق. تم إجراء تعريف الأحماض الأمينية لتحديد جودة البروتين. ولحسن الحظ كان إجمالي الأحماض الأمينية الأساسية أعلى في الوسط الأمثل (38.73%) منه في وسط زروق .(36.98%) تشير هذه النتائج إلى أن وسط BFCE المُحسَّن يمكنه زراعة سبيرولينا بلاتنسيس دون التأثير على محتوى البروتين و في نفس الوقت تقليل تأثير نفايات BFC على البيئة.

تم عزل بكتيريا زرقاء أخرى على وسط BG11 من نهر النيل في مصر، ثم تم تحديدها شكليا وجزيئيا على أنها سلالة لبتولينبيا SSI24 برقم الانضمام .(PP723083) و تمت زراعة لبتولينبيا على وسط BG11 وتركيزات مختلفة من BFCE لتقييم جدوى BFCE كوسيط بديل، ثم تم تقدير النمو والتركيب الكيميائي الحيوي. لوحظ أن نمو لبتولينبيا يزداد مع زيادة تركيز BFCE انخفض محتوى البروتين مع زيادة تركيزاتBFCE ، في حين كانت مستويات الكربوهيدرات والدهون مرتفعة بشكل ملحوظ عند 25٪ BFCE مقارنة بوسط BG11 علاوة على ذلك، عززت75% منBFCE محتوى الفيكوسيانين. ولذلك تم استخراج الفيكوسيانين الخام من لبتولينبيا المزروعة على وسط BG11 و75% من BFCE للتحقق من قدرته على التخليق الحيوي لجسيمات السيلينيوم النانوية .(Se-NPs) من خلال تحويل اللون الأزرق لمستخلص الفيكوسيانين إلى اللون البرتقالي اوالأحمر، مما يؤكد علي تكوين. جسيمات السيلينيوم النانوية بالاضافه الي ذلك، تم استخدام الطرق القياسية الاخري لمزيد من التأكيد على تخليق جسيمات السيلينيوم النانوية. حيث أظهر التحليل الطيفي المرئي للأشعة فوق البنفسجية ذروة قصوى عند 528 و532 نانومتر لـ Se-NPs-BG11 وSe-NPs-75% BFCE، مما يشير إلى رنين

البلازمون السطحي (SPR) لـ .Se-NPs أظهر تحليل FTIR وجود مجموعات وظيفية مثل الأمينات والأميدات والهيدروكسيد، مما يعني ضمناً أن جزيئات البروتين من الفيكوسيانين قد تكون مسؤولة عن تحديد سقف .Se-NPs أظهر حيود الأشعة السينية (XRD) زوجًا من قمم الانعكاس الحادة والقوية في نمط XRD لـ Se-NPs عند 23.36 درجة و29.76 درجة عند قيم 2 θالمقابلة لـ 100 و101، على التوالي، مما يؤكد التركيب البلوري للـ NPs المنتجة. تساوي إمكانات زيتا لـ Se-NPs المُصنّعة حيويًا -17 مللي فولت و-15.03 مللي فولت في BG11 وBFCE75 %، على التوالي، مما يشير إلى استقرارها. علاوة على ذلك، كان مؤشر التشتت 0.1 (PDI)لـ Se-NPs-BG11 و0.31 لـ Se-NPs-75% BFCE، مما يدل على تشتت موحد لـ Se-NPs . كشف فحص الميكروسكوب الإلكتروني (TEM)أن Se-NPs المُصنّعة حيويًا كانت كروية ويبلغ متوسط حجمها 95 نانومتر و96.48 نانومتر من مستخلص الفيكوسيانين الخام من وسائط BG11 وBFCE75 %، على التوالي.

تم فحص Se-NPs المُصنّعة حيويًا كعامل مضاد للبكتيريا ضد البكتيريا إيجابية الجرام وسالبة الجرام. أظهرت النتيجة أن Se-NPs المُصنّعة من الفيكوسيانسن الخام بنسبة 75٪ BFCE لها نشاط مضاد للجراثيم أعلى من Se-NPs المُصنّعة من الفيكوسيانسن الخام لـ BG11. علاوة على ذلك، كانت Se-NPs أكثر فعالية ضد البكتيريا إيجابية الجرام من البكتيريا سالبة الجرام.

فيما يتعلق بشان النشاط المضاد للسرطان، أظهرت النتائج أن Se-NPs المُصنّعة من الفيكوسيانين الخام بنسبة 75٪ من BFCEتظهر تأثيرًا سامًا للخلايا بشكل كبير ضد خلايا سرطان الثدي البشري مع IC50 بقيمة 17.31 ± 0.63 ميكروجرام / مل والتي يمكن أن ينتج موت نصف عدد الخلايا مقارنةً بـجسيمات السيلينيوم النانوية المصنعه من الفيكوسيانين الخام المستخرجه من BG11 والتي أظهرت سمية خلوية منخفضة مع IC50 من 132.58 ± 4.85 ميكروجرام / مل .

أخيرًا، تم فحص Se-NPs المصنعة حيويًا عن نشاطها المضاد للأكسدة، وأظهرت النتائج أن Se-NPs المصنعة من الفيكوسيانين لـ BG11 أظهرت نشاطًا عاليًا مضادًا للأكسدة مع IC50 (60.58 ± 0.7 ميكروجرام / مل) مقارنةً بـ Torolox الذي تم استخدامه كمضاد أكسدة قياسي 1 ± .(85.7) ميكروجرام/مل .

MIX
Papier aus verantwortungsvollen Quellen
Paper from responsible sources
FSC® C105338

Printed by Books on Demand GmbH, Norderstedt / Germany